高等学校计算机公共课程"十三五"规划教材

计算机信息技术实践教程

王 玲 孙 昊 张沈梅 贾敬典 编著

孙建国 主审

U0316895

中国铁道出版社有限公司
CHINA RAILWAY PUBLISHING HOUSE CO., LTD.

内 容 简 介

本书根据江苏省高等学校计算机等级考试中心制定的《一级计算机信息技术及应用考试大纲（2015 版）》而编写。新大纲要求在 Windows 7 环境下应用 Ms Office 2010 办公软件。

本书以 Windows 7 中文操作系统平台为基础，以 Office 2010 的基本技术为主要内容，通过 9 个专项实验介绍 Word 2010、Excel 2010、PowerPoint 2010 和 Access 2010 等软件的常用功能和使用方法，还设置了 4 个"综合实验"，以便于读者巩固学习内容。此外本书还提供 3 个"综合试题"来检验学生掌握所学知识情况。

本书针对"计算机信息技术"中一些最基本和重要的概念和知识，编写、收集整理了一些习题，并按章节将其转换成电子试卷形式提供给读者，制作了与习题配套使用的"大学计算机信息技术习题练习"软件，附在本书配套光盘中。

本书适合作为大学非计算机专业"大学计算机信息技术"的实验指导教材，也可作为江苏省计算机等级考试培训教材或"大学计算机信息技术"自学读者的参考书。

图书在版编目（CIP）数据

计算机信息技术实践教程 / 王玲等编著.—北京：
中国铁道出版社，2015.9（2020.1 重印）
高等学校计算机公共课程"十三五"规划教材
ISBN 978-7-113-17603-7

Ⅰ．①计…　Ⅱ．①王…　Ⅲ．①电子计算机－高等学校
－教材　Ⅳ．①TP3

中国版本图书馆 CIP 数据核字（2015）第 189513 号

书　　名：计算机信息技术实践教程
作　　者：王　玲　孙　昊　张沈梅　贾敬典　编著

策　　划：刘丽丽
责任编辑：周　欣
封面设计：付　巍
封面制作：白　雪
责任校对：钱　鹏
责任印制：郭向伟

出版发行：中国铁道出版社有限公司（100054，北京市西城区右安门西街 8 号）
网　　址：http://www.tdpress.com/51eds/
印　　刷：三河市宏盛印务有限公司
版　　次：2015 年 9 月第 1 版　　2020 年 1 月第 10 次印刷
开　　本：787mm×1092mm　1/16　印张：13　字数：312 千
书　　号：ISBN 978-7-113-17603-7
定　　价：32.00 元

"大学计算机信息技术"课程包括理论知识和实践两部分，是一门培养学生掌握现代信息技术的基本概念、基本原理和知识以及操作技能的重要课程，是高校非计算机专业学生必修的一门公共基础课。编者针对非计算机专业的计算机基础应用实践教学的特点，结合江苏省计算机等级考试（一级）大纲，编写了这本适合该课程的实践教程。

本书以 Windows 7 中文操作系统平台为基础，以 Office 2010 的基本技术为主要内容，针对 Windows 7 操作系统、Office 2010 办公软件和 Access 2010 数据库的操作和应用共设置了 9 个专项实验。每个实验设置了实验目的、实验要点简述、实验内容和实验步骤。"实验要点简述"对每个实验所涉及的基础知识和实际应用进行了介绍；在"实验步骤"中针对实验内容提供了详细的操作步骤，针对重点添加了注释；给读者学习带来方便。本书还设置了 4 个"综合实验"，以便于读者进一步巩固学习内容。此外本书还提供 3 个"综合试题"来检验学生所掌握知识的情况。教材中带"★"号实验内容为选学环节，可自行安排。

为了培养学生自主学习能力，兼顾高校新生入学时计算机能力的差异，在编写这部分内容时，遵循了"侧重实践，相关知识点的介绍够用即可；边学边做，学中做，做中提高"的原则。对书中每个专项实验的主要操作步骤用图示和文字进行说明和标注，并将实验结果作为样本提供给学生参考，力求做到让学生"看得懂、学得会、用的上"，通过自学和实验使学生能掌握文字处理、电子表格制作、演示文稿制作和 Access 数据库等应用。本书不仅覆盖了江苏省计算机等级考试一级考试操作部分的全部内容，同时还增加了 Office 2010 的一些高级应用和 Access 数据库应用的一些高级应用知识。

"大学计算机信息技术"课程包含的内容较多，涉及的知识面较广，有些内容对非计算机专业的学生来说不容易理解。为便于学生对计算机基础理论、基本概念和基本知识的理解和掌握，根据"大学计算机信息技术"课程的知识点，编者编写和收集了一些习题，以电子试卷的形式提供给学生练习。习题按内容分成 6 章，第 1 章为信息技术基础，第 2 章为计算机组成原理，第 3 章为计算机软件，第 4 章为计算机网络与因特网，第 5 章为数字媒体及应用，第 6 章为计算机信息系统与数据库基础。习题的题型分为判断题、单选题和填空题。有些知识点可能会同时出现在 3 种题型中，其目的是让学生了解对于同一个知识点可以有不同的表述，并加深对这些知识点的印象和理解。为了方便练习，提高学习兴趣，我们还编写了"大学计算机信息技术习题练习"配套软件，供学生在实验之余进行习题练习之用。该软件也可为其他课程所用，本书附录对软件进行了详细介绍。

随书光盘中包含了所有实验素材、每个部分的作业题和计算机信息技术各章电子试卷以及"大学计算机信息技术习题练习"配套软件。

本书由王玲、孙昊、张沈梅、贾敬典编著，孙建国主审。其中 Windows 7 基本操作由张沈梅编写；Word 2010 和 Excel 2010 实验由王玲编写；孙昊、贾敬典和王玲共同编写了 PowerPoint 2010 和 Access 2010 实验。设计、编写"计算机信息技术习题练习"软件和试卷转换程序，以及将各章节练习题转换成电子试卷的工作由孙昊完成；各章节练习题的收集整理、编写和筛选由张沈梅和王玲共同完成。本书的编写得到了南京大学金陵学院教务处和计算中心老师的帮助和支持，在此表示感谢。

由于作者水平有限，书中难免会有疏漏或不妥之处，敬请广大读者批评指正。

编　者

2015 年 6 月

目录

CONTENTS

实验一 Windows 7 基本操作

一、实验目的

（1）掌握 Windows 7 桌面的组成、属性设置；
（2）熟练掌握 Windows 7 窗口的基本操作；
（3）掌握文件夹和文件的建立、删除、复制、移动、重命名、属性查看和设置；
（4）掌握快捷方式的建立和使用；
（5）掌握一种压缩软件的使用；
（6）掌握画图软件的使用；
（7）了解 Windows 用户的添加、删除、属性设置；
（8）了解本机硬件的类型、驱动程序的安装；
（9）掌握网页及网页上图片的保存方法；
（10）了解局域网的设置和使用；
（11）掌握下载文件以及传输文件的基本方法；
（12）掌握电子邮件的使用。

二、实验要点简述

1. Windows 7 简介

Windows 7 是微软公司继 Windows XP 和 Windows Vista 之后推出的操作系统，它继承了 Windows XP 的实用和 Windows Vista 的华丽，同时在稳定性、兼容性、安全性、可操作性、功耗等方面有了很大的改进，是近几年主流的个人操作系统。Windows 7 对硬件的要求并不高，目前可以在主流机器上流畅地运行。

Windows 7 包含 6 个版本，分别是 Windows 7 Starter（初级版）、Windows 7 Home Basic（家庭基础版）、Windows 7 Home Premium（家庭高级版）、Windows 7 Professional（专业版）、Windows 7 Enterprise（企业版）和 Windows 7 Ultimate（旗舰版）。

和以前的 Windows 系统相比，Windows 7 的操作界面有了很大改进，将明亮鲜艳的外观和简单易用的设计结合在一起，其操作方法也略有不同。

1）Windows 7 的桌面

用户在 Windows 7 桌面上可以完成各种操作。Windows 7 的桌面主要包括桌面背景、桌面图标、"开始"按钮、任务栏、桌面小工具等。它们的位置如图 1-1 所示。

（1）桌面背景

桌面背景是指 Windows 桌面的背景图案，用户可以根据自己的喜好更改桌面的背景图案。

　　方法是："开始"→"控制面板"→"外观"→"更改桌面背景"，如图 1-2 所示，可以个性化定制计算机的桌面背景。

图 1-1　Windows 7 的桌面

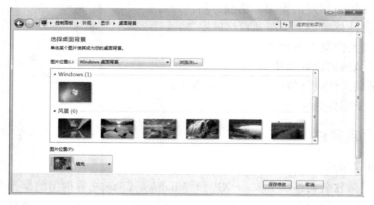

图 1-2　桌面背景

（2）桌面图标

　　桌面图标由一个形象的图标和说明文字组成。在 Windows 7 中，所有的文件、文件夹及应用程序都用图标来表示，双击这些图标就可以快速地打开文件、文件夹或者应用程序。如：双击桌面上的"回收站"图标，就可以直接打开"回收站"窗口。

（3）"开始"按钮

　　单击桌面左下角的"开始"按钮可以打开"开始"菜单。"开始"菜单里面包含了固定程序列表、常用程序列表、所有程序列表、搜索框、启动菜单以及关闭选项区，如图 1-3 所示。

- 固定程序列表：该列表中的程序固定地显示在"开始"菜单中，用户通过它可以快速打开其中的应用程序。
- 常用程序列表：该列表中默认存放常用的系统程序。用户频繁使用的程序也会在该列表中显示，多个程序会按照使用时间先后顺序依次顶替。如图 1-4 所示，先后打开 Excel 和 PPT 程序后，左边的常用程序程序列表就会变成右边的常用程序列表形式。

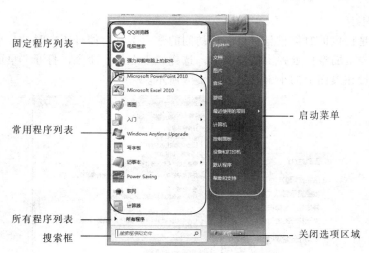

图 1-3　"开始"菜单

- 所有程序列表：单击"所有程序" ▶ 所有程序 按钮，显示子菜单，可以看到系统中安装的所有程序，如图 1-5 所示。单击"返回"按钮，则返回图 1-3 所示效果。

图 1-4　变化的常用程序列表　　　　　图 1-5　"所有程序"子菜单

- 搜索框：在搜索框 搜索程序和文件 🔎 中输入关键字，将把当前用户所有程序及文件夹中所有文件作为搜索默认路径进行检索。
- 启动菜单：列出常用的菜单选项，如"文档"、"图片"、"计算机"、"控制面板"等，单击这些菜单可以快速打开对应窗口。
- 关闭选项区域：包括"关机"按钮和"关机选项"按钮，可以进行"关机"、"注销"、"休眠"等操作。

（4）任务栏

任务栏是位于桌面底部的水平长条，包括"开始"按钮、程序按钮区、语言栏、系统通知区、"显示桌面"按钮，如图 1-6 所示。右击任务栏空白处弹出快捷菜单，选择"属性"命令弹出"任务栏「开始」菜单属性"对话框，如图 1-7 所示，可对任务栏进行相应设置。

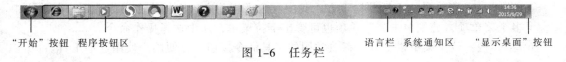

"开始"按钮　程序按钮区　　　　　　　　　　　　　语言栏　系统通知区　"显示桌面"按钮

图 1-6　任务栏

（5）桌面小工具

桌面小工具是提供即时信息且可以轻松访问的常用工具，如日历、时钟、天气、幻灯片放映等。可通过右击桌面空白处弹出快捷菜单，选择"小工具"命令，打开"桌面小工具库"窗口，选择需要放置在桌面上的小工具，如图1-8所示。

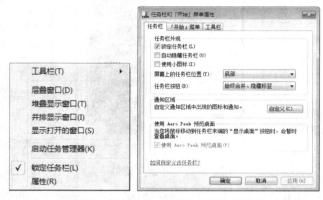

图 1-7　打开"任务栏和「开始」菜单属性"对话框

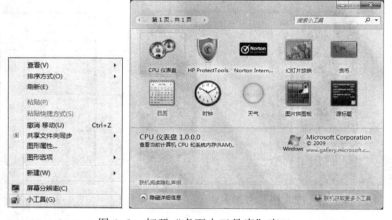

图 1-8　打开"桌面小工具库"窗口

2）Windows 7 的窗口

用户打开文件、文件夹或应用程序时，在桌面上显示的框或框架称为窗口。Windows 7 中各个窗口的内容和功能各不相同，但所有的窗口有一些共同点。如图 1-9 所示是一个典型的"资源管理器"窗口，包括标题栏、控制按钮区、地址栏、搜索栏、菜单栏、工具栏、导航窗格、工作区、状态栏/细节窗格等。

① 标题栏：位于窗口最上端的带状条，用于说明当前窗口内容的主题。

② 控制按钮区：包含"最小化"、"最大化/还原"、"关闭"三个按钮。

③ 地址栏：显示文件或文件夹所在的路径，通过它也可以访问因特网中的资源。

④ 搜索栏：对当前位置的内容进行搜索，方便用户快速找到所需的文件。

⑤ 菜单栏：菜单栏位于标题栏下方，其中存放了当前窗口中的许多操作选项。菜单栏中包含了多个菜单项，分别单击其菜单项也可弹出下拉菜单，从中选择操作命令。

⑥ 工具栏：位于菜单栏下方，存放常用的工具命令按钮，方便用户使用这些工具。

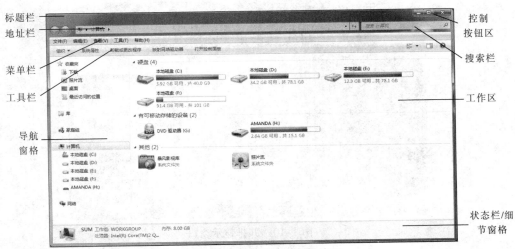

标题栏
地址栏

菜单栏

工具栏

导航
窗格

控制
按钮区

搜索栏

工作区

状态栏/细
节窗格

图 1-9 典型的"资源管理器"窗口

⑦ 导航窗格：资源管理器的导航窗格里提供了"收藏夹"、"库"、"计算机"以及"网络"
结点，方便用户快速切换到相应目录，如库目录、计算机中的任何一个分区和目录等。

⑧ 状态栏/细节窗格：显示当前窗口相关信息/显示选中对象的详细信息。

⑨ 工作区：显示窗口中的操作对象和操作结果。当窗口中显示的内容太多而无法在一个
屏幕内显示出来时，窗口的边框处会自动出现滚动条。

窗口的基本操作主要有以下 6 种：

① 打开窗口：用户打开文件、文件夹和程序的方法有多种。

方法一：双击图标。

方法二：右击图标，在弹出的快捷菜单中选择"打开"命令。

② 关闭窗口：当某个窗口不再使用时，需要将其关闭以节省系统资源。用户关闭文件、
文件夹和程序的方法有多种。

方法一：单击窗口右上角控制按钮区的"关闭"按钮 X 。

方法二：按下【Alt+F4】快捷组合键。

方法三：在标题栏处右击，在弹出的快捷菜单中选择"关闭"命令。

③ 调整窗口大小：主要有 3 种方法。

方法一：利用窗口右上角的"最小化"和"最大化/还原"控制按钮调整窗口大小。

方法二：在标题栏处右击，在弹出的快捷菜单中选择"最大化"、"还原"或"最小化"命
令调整窗口大小。

方法三：鼠标指针定位到窗口边缘或四个顶角处，鼠标指针变成双向的箭头后，按住鼠标
左键不放，手动拖动调整窗口到合适大小松开鼠标左键即可。

④ 移动窗口：将鼠标指针移动到窗口的标题栏上，按住鼠标不放，将其拖动到合适的位
置后松开鼠标左键即可。

⑤ 排列窗口：当桌面上打开多个窗口，用户可以通过设置窗口的显示形式对窗口进行排列。

方法是：在任务栏空白处右击，在弹出的快捷菜单中包含了 3 种窗口显示方式，分别是"层
叠窗口"、"堆叠显示窗口"、"并排显示窗口"，根据需要选择一种窗口的排列形式即可。图 1-10
是"并排显示窗口"形式排列窗口的结果。

图 1-10　并排显示窗口

2．文件和文件夹

1）创建文件夹和文件

在 D:\下创建如下所示的文件夹结构：

$$D:\begin{cases} NJU \longrightarrow JLXY \longrightarrow jszx.txt \\ CN \longrightarrow JS \end{cases}$$

方法如下：

① 选择 D:\为当前文件夹，右击窗口右窗格空白处，在弹出的快捷菜单中选择"新建"命令，打开子菜单，选择"文件夹"命令，即可创建名为 NJU 的文件夹。同样的步骤创建名为 CN 的文件夹。

② 双击进入 NJU 文件夹窗口，在工具栏上单击"新建文件夹"→创建名为 JLXY 的文件夹。

③ 双击进入 CN 文件夹窗口，在工具栏上单击"新建文件夹"→创建名为 JS 的文件夹。

④ 选择 D:\NJU\JLXY 为当前文件夹，右击窗口右窗格空白处，利用快捷菜单创建 jszx.txt 空白文本文档。

2）设置文件夹的查看方式、排序方式和预览窗格

（1）设置文件夹的查看方式

选用不同的查看方式显示配套光盘"实验素材\01 实验一\实验素材"文件夹的内容，观察查看方式的差别：依次选用"超大图标"、"大图标"、"中等图标"、"小图标"、"列表"、"详细信息"、"平铺"、"内容"等查看方式显示，如图 1-11 所示。

（2）设置文件或文件夹的显示与隐藏

图 1-11　文件夹的查看形式

选择文件夹"01 实验一"，通过设置显示或不显示隐藏文件和文件夹，比较两者不同的显示效果。

选择文件夹"01 实验一"，用"组织"→"文件夹和搜索选项"命令弹出"文件夹选项"对话框，在"查看"选项卡中单击选中"不显示隐藏的文件、文件夹和驱动器"或"显示隐藏的文件、文件夹和驱动器"单选按钮，单击"确定"按钮，如图 1-12 和图 1-13 所示。

图 1-12 文件夹选项

图 1-13 显示隐藏的文件

比较设置显示或不显示隐藏文件、文件夹和驱动器，对显示文件夹内容的影响。

（3）设置文件或文件夹的排序方式

任选一个文件夹，分别选用"名称"、"修改日期"、"类型"、"大小"排序方式显示文件和文件夹，了解不同的排序效果。

在窗口右窗格空白区域右击，弹出快捷菜单，选择"排序方式"命令，打开子菜单，如图 1-14 所示，选择"名称"、"修改日期"等不同排序方式，观察文件夹中文件的排序效果

（4）预览文件

启用文件预览窗格，任意选择文件夹或文件对象，观察预览窗格的预览效果，适当调整预览窗格大小，最终关闭预览窗格。

假设选择文件夹"01 实验一"，选择工具栏上"组织"菜单→"布局"→勾选"预览窗格"。此时，在文件列表窗格上选中要预览的文件"文件及文件管理习题.txt"，则在右侧预览窗格内显示该文件的内容，如图 1-15 所示。

图 1-14 排序方式快捷菜单

图 1-15 预览窗格效果

3）文件和文件夹的复制、移动、更名

（1）文件和文件夹的复制

文件和文件的复制和粘贴有如下两种方法：

方法一：选中要复制的文件或文件夹对象，在工具栏上单击"组织"按钮或者右击弹出快捷菜单，选择"复制"命令，定位到目标文件夹下，在工具栏上单击"组织"按钮或者右击弹出快捷菜单，选择"粘贴"命令，即可完成相应文件或文件夹的复制，如图 1-16 所示。

【例题】利用菜单操作，将文件 D:\CN\快乐地读书.jpg 复制到 D:\CN\JS 中。

步骤 1：选中源文件 D:\CN\快乐地读书.jpg，选择"组织"或右键快捷菜单的"复制"命令。

步骤 2：选中文件夹 D:\CN\JS，选择"组织"或右键快捷菜单的"粘贴"命令。

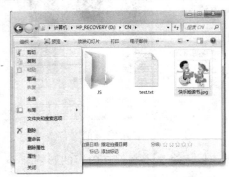 

图 1-16　复制与粘贴

方法二：选中要复制的文件或文件夹对象，使用【Ctrl+C】快捷组合键，定位到目标文件夹下，使用【Ctrl+V】快捷组合键，即可完成相应文件或文件夹的复制。

（2）文件和文件夹的移动

文件和文件的复制和粘贴有如下两种方法：

方法一：选中要移动的文件或文件夹对象，在工具栏上单击"组织"按钮或者右击弹出快捷菜单，选择"剪切"命令，如图 1-17 所示，定位到目标文件夹下，在工具栏上单击"组织"按钮或者右击弹出快捷菜单，选择"粘贴"命令，即可完成相应文件或文件夹的移动。

方法二：选中要移动的文件或文件夹对象，使用【Ctrl+X】快捷组合键，定位到目标文件夹下，使用【Ctrl+V】快捷组合键，即可完成相应文件或文件夹的移动。

（3）文件和文件夹的重命名

将 D:\CN 文件夹重命名为 CHINA，将 D:\NJU\JLXY 文件夹下的 minghu.txt 文件重命名为 shuangtingyuan.ini。

步骤 1：在 D:\ 窗口的右窗格中选中 D:\CN，连续两次单击文件夹 CN，进入文件名编辑状态，输入 CHINA，按【Enter】键确认。

步骤 2：单击窗口工具栏"组织"→"文件夹和搜索选项"，如图 1-18 所示，在"文件夹选项"对话框中设置已知类型的文件扩展名可见，为修改文件的扩展名做准备。

图 1-17　剪切　　　　　　　　　　　　图 1-18　重命名

步骤 3：打开 D:\NJU\JLXY 文件夹，选中 minghu.txt 文件，选择"组织"→"重命名"命令，输入 shuangtingyuan.ini，按【Enter】键完成重命名。

4）文件和文件夹的删除、恢复

（1）删除 D:\CN 文件夹中的文件 test.txt 到"回收站"

打开 D:\CN，选中 test.txt，按【Del】键或选择"组织/删除"命令，显示删除确认信息框，如图 1-19 所示，单击"是"按钮，确认删除。

（2）删除 D:\CN 文件夹

方法步骤同（1）。

（3）从"回收站"恢复 D:\CN 文件夹

双击桌面上的"回收站"图标打开"回收站"窗口，选中 CN 文件夹，单击工具栏中的"还原此项目"按钮，恢复被删除的 D:\CN 文件夹，如图 1-20 所示。

图 1-19　删除

（4）永久性删除 D:\CN\JS\XYZ 文件夹

选中 D:\CN\JS\XYZ 文件夹，按【Shift+Del】组合键→在图 1-21 所示删除确认框中单击"是"按钮，彻底删除该文件夹。

图 1-20　恢复已删文件

图 1-21　永久性删除确认

5）查看与设置文件和文件夹属性

（1）查看文件和文件夹数量

查看 C:\Windows 包含的文件和文件夹数量。选中 C:\Windows 文件夹，选择工具栏上"组织"菜单或右键快捷菜单中的"属性"命令，弹出"Windows 属性"对话框，选择"常规"选项卡即可查看，如图 1-22 所示。

图 1-22　查看文件夹属性

（2）查看文件信息

查看"C:\Windows\notepad.exe"程序文件的大小及创建的时间等信息，如图 1-23 所示，操作步骤同（1）。

（3）设置文件属性

将 D 盘下的 XYZ 文件夹的属性设置为只读和隐藏。选中 D:\XYZ 文件夹，选择"组织"或右键快捷菜单，选择"属性"命令→在"常规"选项卡上，勾选"只读"和"隐藏"属性，单击"确定"按钮，完成设置，如图 1-24 所示。

图 1-23　notepad.exe 属性

图 1-24　文件夹设置"只读"和"隐藏"属性

6）文件和文件夹的搜索

搜索 C 盘中文件名以"会议"开始的所有 Word 文档（扩展名为"docx"）。当前目录定位到 C 盘根目录，在右上角搜索框中，输入关键词"会议*.docx"。当关键字开始输入，搜索就已经开始。随着输入的关键字符增多，搜索的结果会反复筛选，直到搜索完成显示满足条件的结果，如图 1-25 所示。

注意：此处使用了通配符"*"，代表零个到多个字符。例如"JE*.docx"，可查找"JERRY.docx"和"JET.docx"。通配符"?"表示任意单个字符。例如"jlx?"，可查"jlxy"和"jlx8"。

7）压缩文件和文件夹

压缩文件或文件夹，可以有效地节省空间，方便存储和传输。Windows 7 自带压缩文件程序，用户无须安装第三方压缩软件（如 WinRAR、好压等），也可以对文件进行压缩和解压缩。

如利用系统自带的压缩软件压缩文件夹"pic"，操作步骤如下：

右击文件夹"pic"→"发送到"→"压缩（zipped）文件夹"→在当前窗口下出现一个对应的压缩文件，名称处于可编辑状态，用户可以输入新的名称，如图 1-26 所示。

8）利用 FTP 上传文件和下载文件及文件夹

FTP，英文全称 File Transfer Protocol，即文件传输协议。用户通过 FTP 向 FTP 服务器请求服务：上传、下载文件及文件夹。服务器允许合法用户使用 FTP 上传或下载文件。

用户可以用匿名（匿名用户名 anonymous）登录 FTP 服务器，也可以使用用户名加密码方式登录 FTP 服务器。不管采用哪种方式成功登录 FTP 服务器，前提是 FTP 管理员已经在 FTP 服务器上做好相应用户访问的配置。

用户一旦登录成功就可以下载 FTP 服务器上的文件和文件夹，也可以上传文件到 FTP 服务器指定的文件目录中。

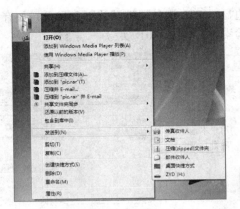

图 1-25　搜索　　　　　　　　　　　图 1-26　压缩文件夹

以 FTP 服务器端安装 Serv-U 软件、FTP 客户端安装 cuteFTP.exe 软件为例。

（1）管理员已在 FTP 服务器软件 Serv-U 处做如下配置：

① 支持匿名账户 anonymous。

② FTP 服务器的 IP 地址：190.2.2.110（该地址为充当 FTP 服务器的计算机的 IP，且随着 FTP 服务器 IP 地址的变化而改变）。

③ FTP 服务器端端口号：用于 FTP 客户端连接 FTP 服务器端时使用，默认 21（若出现端口值冲突时，可改变该值，最大不超过 65 535 的正整数）。

④ 配置默认下载文件夹路径 "\download"、上传文件路径 "\upload"（管理员可在 FTP 服务器处修改上传、下载文件夹路径）。

⑤ 启动 Serv-U，如图 1-27 所示。

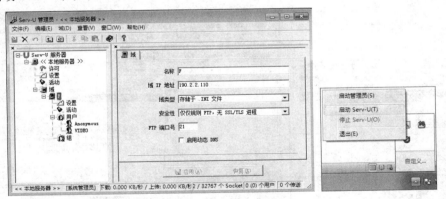

图 1-27　Serv-U 软件

（2）用户使用 cuteFTP.exe 软件连接 FTP 服务器，步骤如下：

① 在"主机："文本框中输入 FTP 服务器的 IP 地址：190.2.2.110，如图 1-28 所示。

图 1-28　输入 FTP 服务器的 IP 地址

② 按【Enter】键，以匿名用户连接到 FTP 服务器，如图 1-29 所示。

窗口左边显示用户本地磁盘目录，可单击 进行路径切换，建议切换到 D 盘。

窗口右边显示 FTP 服务器端默认下载目录，如有一个文件 "01 实验一 win7 基本操作.doc" 和一个实验素材文件夹 "01 实验一 素材"。

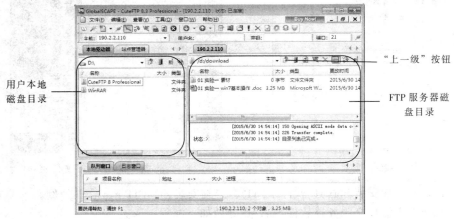

图 1-29   cuteFTP 软件运行界面

③ 下载文件或文件夹。

方法一：用户右击 FTP 服务器 download 文件下的文件或文件夹→ "下载"，可以下载相应文件或文件夹到用户本地磁盘目录，如图 1-30 所示，用户可在本地磁盘 D 盘看到刚刚下载的文件 "01 实验一 win7 基本操作.doc"。

方法二：用户选中 FTP 服务器 download 文件下的文件或文件夹，按住左键不放，向左拖动文件或文件夹到用户本地磁盘目录。

下载文件夹的方法和下载文件相同。

图 1-30   下载文件

④ 上传作业文件。

步骤 1：当用户要上传作业文件夹时，由于 FTP 服务器一次只接收单个文件，用户需要压缩作业文件夹（步骤见压缩文件和文件夹），结果如图 1-31 所示。

图 1-31　压缩作业文件夹

步骤 2：上传到 FTP 服务器的 "\upload" 文件夹下。单击 📤 ，先将 FTP 服务器端目录切换到 "\upload" 文件夹，上传作业压缩包文件，有以下两种方法：

方法一：用户右击 cuteFTP 窗口左侧作业文件压缩包 "2015010100009 张三.rar" → "上传"，可以上传相应文件到 FTP 服务器端 "\upload" 文件夹目录，如图 1-32 左侧所示，在 FTP 服务器 "\upload" 文件夹下可看到刚刚上传的文件 "2015010100009 张三.rar"。

方法二：用户选中 cuteFTP 窗口左侧作业文件压缩包 "2015010100009 张三.rar"，按住左键不放，向右拖动文件到 "\upload" 文件夹，如图 1-32 右侧所示。

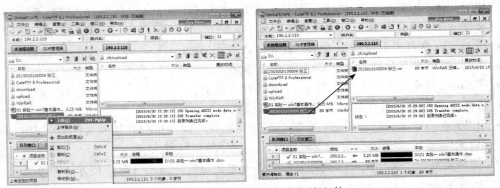

图 1-32　上传作业文件夹压缩文件

三、实验内容

在 D 盘的根目录下新建一个以本人学号和姓名为文件名的作业文件夹，文件夹名称例如："2010030100001 张三"，下称这个文件夹为作业文件夹，完成以下内容。

1. Windows 7 的基本操作

① 如何设置可以让 "任务栏" 在一般操作时不可见，只有当鼠标指向任务栏在屏幕上所处的位置区域时它才可见。

② 最近访问过的一些文件在 "开始" 菜单中如何查找？如何将其一并删除？

③ 窗口管理：如何层叠、平铺多个窗口？

④ 如何改变显示器的显示分辨率？

⑤ 如何修改桌面上"计算机"和"回收站"的图标？

⑥ 如何设置可以使计算机在 10 分钟没有任何操作时启动屏幕保护程序？

⑦ 如何将网页上的一个图片设置为桌面背景？（请写出操作步骤）

⑧ 使用"资源管理器"浏览一些对象时如何设置可以同时看到对象的名称、大小、类型和修改日期这些完整信息？

⑨ 在作业文件夹下建立如图 1-33 所示文件结构（注："D 盘"为文件夹名），并完成下面的操作：

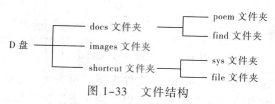

图 1-33　文件结构

- 在 poem 文件夹下创建一个名为 poem 的文本文件，其内容为：

春晓

春眠不觉晓，处处闻啼鸟。

夜来风雨声，花落知多少？

- 查找硬盘上大于 1KB 且第 3 个字母为 t 的文本文件，将其保存在 find 文件夹中。
- 将"记事本"应用程序窗口以拷屏（【PrintScreen】键）的方式保存为一个名为 mypic 的位图文件（即扩展名为 BMP 的图片文件），并在图片中加入红色字符"记事本"，将位图文件 mypic 保存在 images 文件夹下。
- 将 images 文件夹复制到 D 盘中，并将其改名为 myimages。
- 在 sys 文件夹下分别为"计算机"、C 盘建立快捷方式。
- 在 file 文件夹下创建文本文件 poem 的快捷方式。
- 将 find 文件夹下所有对象的属性设置为"只读"。
- 用 Windows 7 系统自带压缩软件或第三方压缩软件如 WinRAR 压缩文件夹"C:\Documents and Settings\......\桌面"为"我的桌面.rar"存入 file 文件夹下。

⑩ 如何将某一个文件从一个优盘复制到另一个优盘？（写出任意一种方法即可）

2. Windows 7 的提高操作

① 如何利用"开始"菜单的"搜索"框直接启动"计算器"应用程序？（提示：先查找计算器对应的程序文件及其存储位置）

② 单个文件如何进行共享？

③ 练习改变 Windows 7 的外观样式。例如，将标题栏的颜色和字体改成自己喜欢的样式。任选一种自己新修改的外观样式，用拷屏（【PrintScreen】键）的方式保存为图片 3.bmp，并将图片放入作业文件夹中。

④ 快捷方式的本质是什么？不同对象的快捷方式其大小是否固定？如果删除了某个应用程序的快捷方式是不是意味着也删除了这个应用程序？（提示：右键快捷方式→"创建快捷方式"）

⑤ 在"记事本"应用程序中编辑文件是否可以改变部分文字的字体和字号？在用"记事本"应用程序保存文本文件时，是否将文本的内容和字体设置等信息都保存在内了？

⑥ 使用"画图"软件如何保存图片可以让图片文件大小变小？

⑦ 如何利用软键盘进行输入？（提示：输入法工具条）

⑧ 如何添加一个标准用户 JLXY？（提示：借助"控制面板"→"用户账户和家庭安全"）

⑨ 如何添加和删除某一种系统提供的输入法？（例如，微软拼音输入法）（提示：借助"控制面板"→"时间、语言和区域"→"更改键盘或其他输入法"）

3．文件和文件夹的管理

① 将"01 实验一"文件夹下 DEL\TV 文件夹中的文件夹 WAVE 复制到作业文件夹下。

② 在作业文件夹/WAVE 文件夹下创建 JIBEN 文件夹，并在 JIBEN 文件夹下创建名为 XINXI 的文件夹，并设置属性为隐藏。

③ 搜索作业文件夹/WAVE 文件夹下的 ANEMP.FO 文件，然后将其删除。

④ 将作业文件夹/WAVE 文件夹下 HYR 文件夹中的文件 ANIMAL.PPTX 在同一文件夹下再复制一份，并将新复制的文件改名为 BASE.PPTX。

⑤ 将作业文件夹/WAVE 文件夹下 NAOM 文件夹中的 TEST.MDB 文件删除。

⑥ 将作业文件夹/WAVE 文件夹下 PASTE 文件夹中的文件 FLOPY.BAS 复制到作业文件夹 FJUSTY 文件夹中。

⑦ 在作业文件夹/WAVE 文件夹下 HUN 文件中建立一个新文件夹 CALCUT。

压缩作业文件夹，利用 FTP 客户机软件（如 cuteFTP）将压缩文件上传到 FTP 服务器（教师机）指定文件路径（如 UPLOAD 文件夹）。

四、实验步骤

本实验学生可自行练习，此处不再提供详细的实验步骤。

实验二 Word 2010 文稿的基本操作

一、实验目的

（1）掌握 Word 文档的创建与保存；

（2）熟悉 Word 软件界面，了解标题栏、选项卡、选项组、编辑区及状态栏；

（3）掌握 Word 文档文字编辑：文字的增、删、改、复制、移动、查找和替换，日期和时间的输入以及特殊符号的输入等；

（4）掌握字体的简单格式设置：字体、字形、字号、字体颜色等；

（5）掌握段落的简单格式设置：对齐方式、间距、缩进等；

（6）掌握 Word 文档页面格式的设置：页边距、纸型、纸张来源、版式、文档网格、页码、页眉、页脚等。

二、实验要点简述

1．中文 Word 2010 的启动

启动 Word 2010 有以下三种方法：

（1）单击"开始"→"所有程序"→"Microsoft Office"菜单→"Microsoft Word 2010"选项，如图 2-1 所示。

（2）利用快捷方式启动。默认情况下，安装 Office 2010 时，系统不会如安装 Office 2003 一样在桌面上为其应用程序创建快捷方式。为了方便使用，对于经常使用的程序，我们可以为其在桌面上创建快捷方式，方法如下：单击"开始"→"所有程

图 2-1 "开始"菜单打开
Microsoft Office Word 2010

序"→"Microsoft Office"菜单，右击"Microsoft Word 2010"选项展开快捷菜单栏，选择"发送到"→"桌面快捷方式"选项，如图 2-2 所示。快捷方式创建完成后，双击桌面上的"Microsoft Word 2010"快捷方式图标即可启动程序，如图 2-3 所示。

（3）在"资源管理器"或"计算机"文件夹中，双击已存在的 Word 文档，即可启动 Word 2010，并同时打开该文档。

2．Word 2010 工作界面简介

启动 Word 2010 后，用户所看到的就是 Word 的工作界面，所有的操作都是在这个界面内进行的。Word 工作界面包括标题栏、快速访问工具栏、选项卡、功能区或选项组、文档编辑区、状态栏等，如图 2-4 所示。

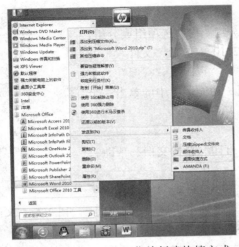

图 2-2　"开始"菜单创建快捷方式

图 2-3　桌面快捷方式图标

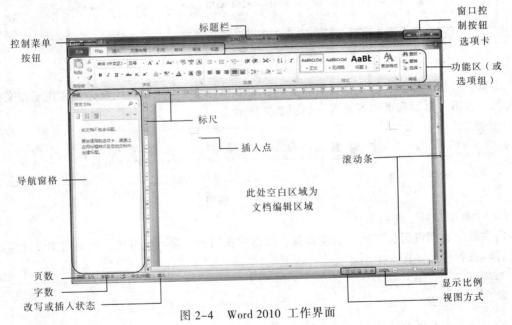

图 2-4　Word 2010 工作界面

1）标题栏

标题栏位于 Word 2010 工作界面的最上方，用来显示文档的名称，如图 2-4 所示。当打开或创建一个新文档时，该文档的名字就会出现在标题栏上。标题栏包括快速访问工具栏、文档名称和窗口控制按钮等。

快速访问工具栏：包含一组常用命令按钮，位于标题栏左侧，它是可自定义的工具栏。若要向快速启动工具栏添加命令按钮，可右击需添加的按钮，在弹出的快捷菜单中选择"添加到快速启动工具栏"命令，这时，在快速启动工具栏上将出现该按钮。这样，使用该按钮将更加方便快捷。

控制菜单按钮：位于标题栏的最左边。单击该按钮，在弹出的菜单中，可以对窗口进行还原、移动、大小、最小化、最大化和关闭等操作。

2）选项卡

Word 2010 中所有命令按钮按功能进行分组，称为选项组或分组，并将它们分别存放在相应选项卡中。Word 2010 中包括"文件"、"开始"、"插入"、"页面布局"、"引用"、"邮件"、"审阅"、"视图"八个常用选项卡。单击选项卡，在弹出的选项组（功能区）中的单击一个按钮就可以执行相关的命令。

（1）"文件"选项卡

主要实现保存、另存为、打开、关闭、打印、新建文档、帮助、选项、文档信息等功能，如图 2-5 所示。

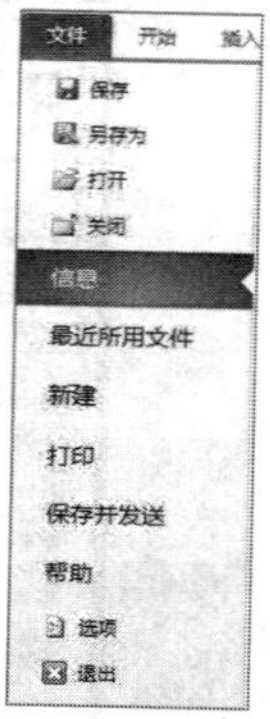

图 2-5　"文件"选项卡

（2）"开始"选项卡

由剪贴板、字体、段落、样式和编辑 5 个选项组组成，主要用于文字编辑和字体与段落格式的设置，如图 2-6 所示。

图 2-6　"开始"选项卡

（3）"插入"选项卡

由页、表格、插图、链接、页眉和页脚、文本和符号 7 个选项组组成，主要用于在文档中插入图、表格、页眉和页脚等元素，如图 2-7 所示。

图 2-7　"插入"选项卡

（4）"页面布局"选项卡

由主题、页面设置、稿纸、页面背景、段落和排列 6 个选项组组成，主要用于设置页面布局和打印设置等，如图 2-8 所示。

图 2-8　"页面布局"选项卡

（5）"引用"选项卡

由目录、脚注、引文与书目、题注、索引和引文目录 6 个选项组组成，主要用于插入目录、题注、脚注、尾注等高级应用，如图 2-9 所示。

图 2-9　"引用"选项卡

（6）"邮件"选项卡

由创建、开始邮件合并、编写和插入域、预览结果和完成 6 个选项组组成，主要用于邮件合并等操作，如图 2-10 所示。

图 2-10 "邮件"选项卡

（7）"审阅"选项卡

由校对、语言、中文简繁转换、批注、修订、更改、比较和保护 8 个选项组组成，主要用于文档的修订和校对方面的操作，如图 2-11 所示。

图 2-11 "审阅"选项卡

（8）"视图"选项卡

由文档视图、显示、显示比例、窗口和宏 5 个选项组组成，主要用于选择文档不同的视图的操作，如图 2-12 所示。

图 2-12 "视图"选项卡

3）文档编辑区

位于窗口中间，是用户编辑文档的区域。

4）状态栏

位于窗口最下边一栏。状态栏左侧是显示当前页数、总页数、总字数、语言地区、插入方式等。右侧是各种视图的按钮，还有显示比例控制，可以在此调节缩放文档的视图缩放比例。

3．Word 文档文字编辑

1）输入文本

新建或打开一个 Word 文档后，在文档编辑区中，时刻闪烁一个黑色的竖线形（I）的光标，称为插入点，它指示了新文字或对象的插入位置。新建文档，Word 将光标定位在开始位置。对已有文档，用户在输入文字或插入其他对象前，应移动鼠标或使用键盘上的 4 个方向键使光标定位在所需的插入点位置。

在文档的编辑区域中，先选择适当的输入法，然后就可在光标处输入文本和符号了。当输入完一行，光标自动换到下一行。当输入完一段文本，按键盘上的【Enter】键，插入一个段落标记符，表示一个段落结束。当输入满一页 Word 将自动分页。

文本输入有两种方式：插入方式和改写方式。通过按键盘的【Insert】插入键或单击窗口下方状态栏上的"插入",（或"改写"）如图 2-4 所示，进行两种方式的切换。

（1）插入方式

当状态栏上显示"插入"两字时，表示当前为插入方式。在插入方式下输入文本时，插入点右侧的文本自动向右移动，输入的文本显示在插入点的左侧。

（2）改写方式

当状态栏上显示"改写"两字时，表示当前为改写方式。在改写方式下输入文本时，输入的新文本会替换光标右边的文本。

此外，无论在那种方式，如果先选中需要改写的文本，则输入新的文本自动替换选中的内容。

2）输入日期和时间

根据需要可在文本中插入一个固定不变的日期和时间，也可以用数据域插入一个可以自动更新的日期和时间（更新为打开文本时的系统日期和时间）。在文档中插入当前日期和时间的操作步骤如下：选择"插入"选项卡，在"文本"组中单击"日期和时间"按钮，打开如图 2-13 所示的"日期和时间"对话框。

图 2-13 "日期和时间"对话框

在"日期和时间"对话框的"可用格式"列表框中选择一种需要的日期或时间的格式。在"语言（国家/地区）"列表中选择显示日期和时间的语言。如果勾选了"自动更新"复选框，则编辑文本时插入的日期和时间会自动更新为打开文本时的日期和时间，否则保持插入时的日期和时间不变。设置完成后单击"确定"按钮。

3）输入特殊符号

在编辑文档时通常会需要使用一些特殊符号，而这些符号无法使用键盘输入，如✄、✃、✀等。虽然用户可以使用输入法自带的模拟键盘输入部分特殊符号，但是，可通过模拟键盘输入的符号不是很多。

在 Word 2010 中输入特殊符号的步骤如下：选择"插入"选项卡，在"符号"组中单击"符号"下拉按钮，打开如图 2-14 所示的"符号"下拉列表，可在此列表中选择需要的符号或单击"符号"下拉列表中的"其他符号"选项，打开"符号"对话框，如图 2-15 所示。在该对话框中双击需要的符号或选中需要的符号后单击"插入"按钮，就可以将其插入到文档中。

4）选定文本

用户在进行复制、删除、移动或剪切等文本编辑操作之前，首先要选定文本。选定文本常用方法是用鼠标操作，把光标移到要选文本的开始位置，然后按住鼠标左键拖曳鼠标到达要选文本的末端，松开鼠标左键。被选定的文本反象显示与文本的其他部分区分开来，如图 2-16 所示。

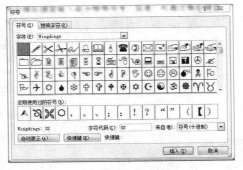

出现指向右上方的鼠标箭头，
选定的文字

图 2-14　"符号"下拉列表　　　图 2-15　"符号"对话框　　　图 2-16　选定的文本

选定较大范围的文本方法：

（1）选定一行：将鼠标指针移动到该行左边的选定区，出现指向右上方的鼠标箭头，然后单击，即选中一行文本。

（2）选定一段：将鼠标指针移动到该段左边的选定区，出现指向右上方的鼠标箭头，然后双击，即选中整段文本。

（3）选定整个文档：将鼠标指针移动到任意段左边的选定区，出现指向右上方的鼠标箭头，然后连续三击鼠标左键，即选中整篇文档。

（4）选定较大范围的文本：将光标定位在要选文本的开始处，按下【Shift】键，同时用单击要选文本的末尾。

5）复制与移动文本

（1）使用剪贴板复制或移动文本。

① 第一步将选定文本送到剪贴板：

方法一：选定要复制（移动）的文本，选择"开始"选项卡，单击"剪切板"组中的"复制"（或"剪切"）命令将选中的文本复制（或剪切）到剪贴板中，如图 2-17 所示。

方法二：选定要复制（移动）的文本，把鼠标指针移至选定的文本上，右击弹出快捷菜单，单击"复制"（或"剪切"）命令，如图 2-18 所示。

方法三：选定文本后，在键盘上按【Ctrl+C】组合键进行复制，或按【Ctrl+X】组合键进行剪切。

② 第二步是将剪贴板中的内容粘贴在新的位置：

方法一：光标定位到要复制（移动）的位置，选择"开始"选项卡，单击"剪切板"组中的"粘贴"命令，将剪贴板中的内容插到新的位置，如图 2-17 所示。

方法二：光标定位到要复制（移动）的位置后，右击弹出快捷菜单，单击"粘贴"命令，如图 2-18 所示。

方法三：光标定位到要复制（移动）的位置后，按【Ctrl+V】键可将剪贴板中的内容插到新的位置。

（2）用鼠标拖动复制或移动文本

复制：选定要复制的文本，将鼠标指针移至选定的文本上，同时按鼠标左键+【Ctrl】键，把选定文本拖到新的位置。

移动：操作方法同复制，拖动鼠标时仅按鼠标左键。

图 2-17　"剪贴板"组　　　　　　　图 2-18　快捷菜单

6）删除文本

在编辑的文档中，定位插入点后，按键盘上的【Backspace】键可删除插入点左侧的一个字符；按键盘上的【Delete】键可删除插入点右侧的一个字符。若选中要删除的文本，然后再按【Backspace】或【Delete】键，则将所选文本全部删除。

7）撤销与恢复

为防止用户在编辑过程中的误操作，例如删除不应该删除的文本或将文本移动到错误的地方等，Word 2010 提供了撤销和恢复的功能，帮助用户撤销错误的操作，将文档还原到执行该操作之前的状态，操作方法如下。

单击"快速访问工具栏"上的"撤销"按钮 或者按下【Ctrl+Z】组合键，就可以撤销前一次的操作。如果要恢复撤销的操作，单击"快速访问工具栏"上的"恢复"按钮 或者按下【Ctrl+Y】组合键，即可恢复前一次撤销的操作。如图 2-19 所示。

图 2-19　"快速访问工具栏"中的"撤销"和"恢复"按钮

8）查找、替换和定位

Word 2010 提供了在文档中查找、替换或定位一段文字或文档格式的功能，让用户可以快速有效地完成查找、替换和定位工作。

"查找"和"替换"命令可进行的主要工作包括：

① 查找或替换特定的格式或样式，如制表位格式、边框格式、语言格式、图文框格式或样式。

② 查找或替换特殊符号或特定内容，如段落标记、制表符、连字符、脚注引用标记、分节符、域或图形等。

③ 查找或替换单词的各种形式，如以"Standing"替换"Better"，以"Better"替换"Standing"。

④ 删除文本：找到要删除的文本，并以空格来替换，可以删除要删除的文本。

（1）查找

方法是选择"开始"选项卡，单击"编辑"组中的"查找"命令或在键盘上按【Ctrl+F】组合键。这时，窗口左侧出现"导航"窗格，在"搜索文档"文本框中输入需查找的内容，按【Enter】键，Word 会自动搜索，文档中查找到的结果设置为突出显示。例如在文档中查找文本"噪声"，效果如图 2-20 所示。

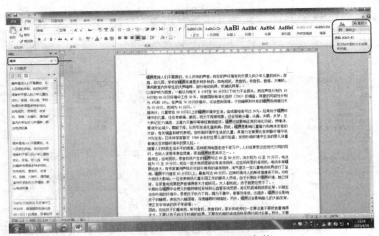

图 2-20　查找的"导航"窗格

（2）高级查找

如果查找特殊的字符，或特殊格式的单词和词组，可以用高级查找功能。方法是在"开始"选项卡→"编辑"组中单击"查找"下拉按钮，在弹出的下拉列表中选择"高级查找"命令，弹出"查找和替换"对话框，如图 2-21 所示。

图 2-21　"查找和替换"对话框"查找"选项卡

① 在"查找内容"文本框中输入要查找的文本内容。

② 单击"查找下一处"按钮，Word 开始进行查找。如果找不到查找内容，系统将显示相关的提示信息；如果找到查找内容，则将找到的内容移到当前的文档窗口，并以反白形式显示。

③ 在"阅读突出显示"下拉列表中选择"全部突出显示"命令，单击"查找下一处"按钮，可看到查找到的内容全部突出显示。

④ 查找到文本后，单击"取消"按钮即可退出查找操作；如果希望查找下一处，则继续单击"查找下一处"按钮进行下一处查找操作，直到查找完毕为止。

⑤ 如需查找带格式内容，可在"格式"下拉列表中选择"字体"，在弹出的"查找字体"对话框中设置查找内容的字体格式，例如查找带双下画线格式的"噪声"，设置如图 2-22 所示。

（3）替换

替换命令可在全文中替换掉文档中某些写错的或不合适的文字。方法是在"开始"选项卡，"编辑"组中单击"替换"命令，弹出"查找和替换"对话框的"替换"选项卡，如图 2-23 所示。

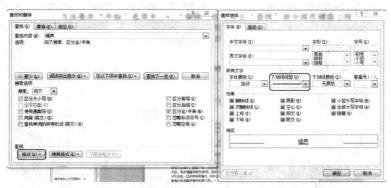

图 2-22　"查找字体"对话框

① 在"查找内容"文本框中输入要查找的文本内容，在"替换为"文本框中输入要替换的文本内容。

② 如需要设置查找或替换文字的字体，则可单击"更多"按钮展开对话框，如图 2-24 所示，单击对话框中下方的"格式"按钮，在弹出的下拉列表中单击"字体"命令，在如图 2-25 所示"查找字体"对话框或如图 2-26 所示"替换字体"对话框中设置字体格式。

此时需特别注意的是，光标定位在哪个文本框中，设置的就是哪个文本框内文字的格式，设定好的格式内容会显示在该文本框的下方。如发现设定错误，可单击"不限定格式"按钮来取消原先设定的格式，如图 2-24 所示。

图 2-23　"查找和替换"对话框"替换"选项卡　　图 2-24　"查找和替换"对话框"替换"高级选项卡

图 2-25　"查找字体"对话框　　　　　　　　图 2-26　"替换字体"对话框

③ 单击"替换"或"全部替换"按钮，Word 开始进行替换。如果找不到查找内容，系统将显示相关的提示信息；如果找到查找内容，则将找到的内容替换。

4．字体格式的设置

Word 2010 中用户可以改变文字的基本格式，包括字体、字号、字形、字体颜色、字体属性等，这些是对文档文字格式的基本操作。

1）"字体"选项组

选中需要进行字体格式设置的文本，选择"开始"选项卡，在"字体"组中改变字体的基本格式，如图 2-27 所示。

在"字体"组中有字体、字号、加粗、斜体、下画线、删除线、上标、下标、清除格式、文本效果、突出显示、字体颜色、更改大小写、拼音指南、字符边框、增加字体、缩小字体、字体底纹、带圈字体等按钮。

2）"字体"对话框

选中需要进行字体格式设置的文本，在"开始"选项卡的"字体"组的右下角单击 按钮或在键盘上按下【Ctrl+D】组合键可调用"字体"对话框，选择"字体"选项卡如图 2-28 所示。

图 2-27　"字体"组　　　　　　图 2-28　"字体"对话框"字体"选项卡

在"字体"对话框中，除了可以设置文字的基本格式外，也可以为文字设置特殊效果，如添加删除线、添加着重号、添加特殊效果等，使版式更加完美。

3）设置文字间距

如果想对字符间距、字符缩放比例和字符位置进行调整，可以在"字体"对话框中选择"高级"选项卡，然后在"字符间距"选项区域进行设置，如图 2-29 所示。

4）复制字体格式

格式刷可以复制一个位置的字符格式，然后将其应用到其他位置上。方法是：先将光标定位在所需格式的字符中间，再选择"开始"选项卡→"剪切板"组中的"格式刷"按钮 格式刷，可发现光标前面有一把刷子，鼠标指针移动到所需更改格式的文本上拖动即可。这时，后面的文本和原先的文本就有了相同的格式。

图 2-29　"字体"对话框
"高级"选项卡

单击格式刷，拖动鼠标，可将复制好的格式粘贴到一处文本上；双击格式刷，拖动鼠标，可将复制好的格式粘贴到多处文本上，完成粘贴后需再次单击格式刷按钮表示取消格式复制。

5．段落格式的设置

所谓段落格式，是指以段落为单位的格式设置。要同时设置多个段落的格式，则应首先选定这些段落，然后再进行段落格式设置。段落格式主要设置段落的对齐、段落的缩进、行间距及段间距等。

1）设置段落对齐方式

选择"开始"选项卡，在"段落"组中可设置段落的对齐方式，如图 2-30 所示。

在 Word 中提供了 5 种常见的对齐方式，分别是左对齐、右对齐、居中、两端对齐和分散对齐，5 种对齐方式效果如图 2-31 所示。

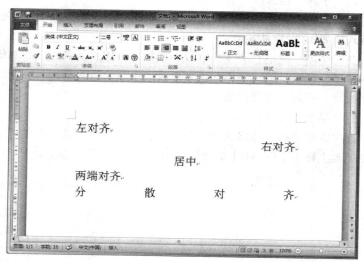

图 2-30 "段落"组

图 2-31 段落对齐方式效果

2）设置段落缩进和间距

在"开始"选项卡的"段落"组的右下角单击 按钮可调用"段落"对话框，如图 2-32 所示。在"缩进"选项区域可以精确地设置段落缩进的各个参数值，如首行缩进、段前间距、段后间距、行距等值。

6. Word 文档页面格式的设置

1）Word 2010 视图

视图可以从不同角度显示文档，便于对文档编辑加工处理。Word 2010 有 5 种视图，分别是页面视图、阅读版式视图、Wed 版式视图、大纲视图和草稿。

① 页面视图：用于排版，编辑页眉页脚、页边距和分栏等，还可以查看文档的打印外观。

② 阅读版式视图：专门用来阅读文档的视图，提供像书一样的阅读界面。如果以阅读版式视图方式查看文档，可以利用最大的空间来阅读或批注文档。

③ Web 版式视图：以网页形式来显示 Word 文档。

图 2-32 "段落"对话框
"缩进和间距"选项卡

④ 大纲视图：用于层次较多的文档，将标题分级显示出来。在大纲视图下，窗口可以显示大纲工具栏。

⑤ 草稿：只关注文档的文字内容，不显示页眉页脚等复杂的页眉设置格式。草稿视图便于快速编辑文档。

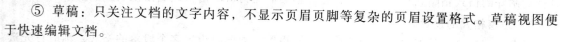

视图的切换通常有两种方法。

方法一：使用"视图"选项卡下"文档视图"组中的按钮，如图 2-33 所示。

图 2-33　"文档视图"组

方法二：使用编辑区域下方的视图按钮进行切换，如图 2-34 所示。

2）纸张的设置

设置纸张大小的方法如下：选择"页面布局"选项卡，单击"页面设置"组右下脚的▫按钮，弹出"页面设置"对话框→"纸张"选项卡，如图 2-35 所示，在此选项卡中可以设定所编辑的纸张类型或大小。

设置纸张方向的方法有两种：

方法一：选择"页面布局"选项卡，在"页面设置"组中单击"纸张方向"下拉按钮，在弹出的下拉列表中选择合适的方向，如图 2-36 所示。

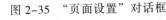

图 2-34　视图按钮　　图 2-35　"页面设置"对话框　　图 2-36　"纸张方向"下拉列表

"纸张"选项卡

方法二：选择"页面布局"选项卡，单击"页面设置"组右下脚的▫按钮，弹出"页面设置"对话框→"页边距"选项卡，如图 2-38 所示，在"纸张方向"框中选择合适的方向。

3）页边距的设置

方法如下：选择"页面布局"选项卡，在"页面设置"组中单击"页边距"下拉按钮，在弹出的下拉列表中选择合适的页边距，如图 2-37 所示。

如上述下拉列表中没有合适的页边距，也可以自定义页边距。方法如下：选择"页面布局"选项卡，在"页面设置"组中单击"页边距"下拉按钮，在弹出的下拉列表中选择"自定义边距"，如图 2-37 所示，弹出"页面设置"对话框→"页边距"选项卡，在此选项卡中根据需要设定页边距、装订线边距及位置，如图 2-38 所示。

4）文档网格设置

方法如下：选择"页面布局"选项卡，单击"页面设置"组右下脚的▫按钮，弹出"页面设置"对话框，选择"文档网格"选项卡，如图 2-39 所示。网格的默认值为"只指定行网格"，此时只能修改文档的每页行数。若希望既要能指定每页的行数，又要能指定每行字数时，应在"网格"中选中"指定行和字符网格"单选按钮。如果选择了"文字对齐字符网格"，就会导致段落的对齐方式无法改变，如不能居中等。

图 2-37 "页边距"下拉列表

图 2-38 "页面设置"对话框"页边距"选项卡

5）页眉页脚的设置

方法如下：选择"插入"选项卡→"页眉和页脚"组，单击"页眉"或"页脚"下拉按钮，在弹出的下拉列表中选择"编辑页眉"或"编辑页脚"选项，在弹出的"页眉和页脚工具"选项卡中可方便地创建或查看页眉和页脚，如图 2-40 所示。如果整篇文章的页眉或页脚的内容相同，则在页眉或页脚处添加相应的内容即可。还可将页眉页脚设置为"奇偶页不同"或"首页不同"，只需在"页眉和页脚工具"选项卡的"选项"组中勾选相应选项即可。

图 2-39 "页面设置"对话框
"文档网格"选项卡

图 2-40 "页眉和页脚工具"选项卡

6）页码的设置

方法如下：选择"插入"选项卡→"页眉和页脚"组，单击"页码"下拉按钮，在弹出的下拉列表中选择相应选项进行设置。

7．文档的保存

文档编辑的同时要记得随时保存，防止计算机突然故障而丢失数据。文档只有保存才能在日后使用。

保存新文档的方法有两种：

方法一：在"文件"选项卡，选择"保存"命令，计算机将按原文件名保存。

方法二：在"文件"选项卡，选择"另存为"命令，弹出"另存为"对话框，在此依次设置保存位置、文件名及保存类型，如图 2-41 所示。

"保存位置"列表框：选定所要保存文档的文件夹，在"文件名"列表框中输入具体的文件名，然后单击"保存"按钮，执行保存操作。文档保存后，该文档窗口并没有关闭，用户可以继续浏览、编辑该文档。特别注意使用 Word 2010 新建文档的默认扩展名

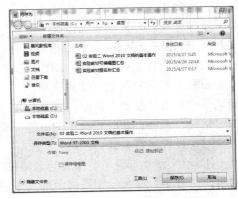

图 2-41　"另存为"对话框

为.docx，如果想文档还能在 Word 2003 和 Word 2007 中打开，我们可以把文档的扩展名改为.doc，方法是在"另存为"对话框中"保存类型"下拉列表中选择"Word97-2003 文档"选项，如图 2-41 所示。

三、实验内容

在 D 盘的根目录下新建一个以本人学号和姓名为文件名的作业文件夹，文件夹名称例如："2010030100001 张三"，下称这个文件夹为作业文件夹，完成以下内容：

（1）使用"空白文档"模板建立一个 Word 文档文件，文件名为：实验二.doc。

（2）将素材文件夹中的"ed1.txt"文件中的所有内容复制到"实验二.doc"中。

（3）设置字符格式：

① 给文章加标题"最伟大的老师在你身边"，设置文章标题格式：居中，加下画线，黑体，加粗，三号字，绿色，字符间距加宽 3 磅。

② 设置正文文字格式：楷体，五号字。

（4）设置段落格式：

① 文章标题段间距格式：段前 1 行，段后 1 行。

② 文章第一段悬挂缩进 2 个字符，其余各段首行缩进 2 个字符。

（5）设置页面格式：

① 页边距：上下页边距均为 2.5 cm，左右页边距均为 3 cm，装订线在页面左侧，距离为 0.5 cm。

② 设置页面为 A4 纸。

③ 设置文档网格：每行 40 个字符，每页 44 行。

④ 设置页眉页脚：首页页眉内容为"身边的老师"，其他页页眉为"三人行必有我师"；页脚内容为页码；其中页码为"加粗显示的数字"的形式；页眉页脚均居中显示。

（6）替换操作：将正文中所有"老师"替换为"teacher"，并设置其字体为 Times New Roman、绿色、加着重号。

四、实验步骤

在 D 盘的根目录下新建一个以本人学号和姓名为文件名的作业文件夹，文件夹名称。例如："2010030100001 张三"，下称这个文件夹为作业文件夹，完成以下内容：

（1）使用"空白文档"模板建立一个 Word 文档文件，文件名为：实验二.doc。

步骤：在建好的作业文件夹下右击，在弹出的快捷菜单中单击"新建"→"Microsoft Word 文档"，新建一个 Word 文档，重命名为"实验二"，双击打开该文档准备下面的编辑。

（2）将素材文件夹中的"ed1.txt"文件中的所有内容复制到"实验一.doc"中。

步骤：双击打开素材文件夹中的"ed1.txt"文件，全选文档中的内容并右击，在弹出的快捷菜单中单击"复制"命令，将鼠标定位在 Word 文档的开头处右击，在弹出的快捷菜单中单击"粘贴"命令，此时素材中的内容即被复制到 Word 文档中了。

（3）设置字符格式：

① 给文章加标题"最伟大的老师在你身边"，设置文章标题格式为居中，加下画线，黑体，加粗，三号字，绿色，字符间距加宽 3 磅。

步骤 1：将鼠标光标定位在文档的最开头，按【Enter】键，在文档的最前方加一个空行，在空行中使用键盘输入文字"最伟大的老师在你身边"。

步骤 2：选中步骤 1 中输入的文字，选择"开始"选项卡，单击"字体"组右下角的 ⬚ 按钮，在弹出的"字体"对话框的"字体"选项卡中设置标题文字的格式为加下画线，黑体，加粗，三号字，绿色，如图 2-42 所示。单击"高级"选项卡，设置字符间距加宽 3 磅，单击"确定"按钮，如图 2-43 所示。

图 2-42 "字体"选项卡

图 2-43 "高级"选项卡

步骤 3：将光标定位在标题段中的任意位置，选择"开始"选项卡，在"段落"组单击"居中"按钮，设置标题的段落格式为居中，如图 2-44 所示。

② 设置正文文字格式：楷体，五号字。

步骤：选中除标题外的所有文字，选择"开始"选项卡，在"字体"组中设置标题文字的格式为楷体，五号字，如图 2-45 所示。

图 2-44 "段落"组

图 2-45 "字体"组

（4）设置段落格式：

① 文章标题段间距格式：段前 1 行，段后 1 行。

步骤：选中标题段，选择"开始"选项卡，单击"段落"组右下角的 ⬚ 按钮，在弹出的"段落"对话框的"缩进和间距"选项卡中设置标题的段间距格式，单击"确定"按钮，如图 2-46 所示。

② 文章第一段悬挂缩进 2 个字符，其余各段首行缩进 2 个字符。

步骤 1：选中文章正文第一段或将光标定位在第一段任意位置，选择"开始"选项卡，单击"段落"组右下角的 ▣ 按钮，在弹出的"段落"对话框的"缩进和间距"选项卡中设置其特殊缩进格式为"悬挂缩进"，度量值为"2 字符"，单击"确定"按钮，如图 2-47 所示。

图 2-46　"缩进和间距"选项卡 1　　　　图 2-47　"缩进和间距"选项卡 2

步骤 2：选中文章正文其他段落，选择"开始"选项卡，单击"段落"组右下角的 ▣ 按钮，在弹出的"段落"对话框的"缩进和间距"选项卡中设置其特殊缩进格式为"首行缩进"，度量值为"2 字符"，单击"确定"按钮，如图 2-48 所示。

（5）设置页面格式：

① 页边距：上下页边距均为 2.5 cm，左右页边距均为 3 cm，装订线在页面左侧，距离为 0.5 cm。

步骤：选择"页面布局"选项卡，在"页面设置"组中单击"页边距"下拉按钮，在弹出的下拉列表中单击"自定义边距"命令，弹出"页面设置"对话框→"页边距"选项卡，在此选项卡中设置上下页边距均为 2.5 cm，左右页边距均为 3 cm，装订线在页面左侧，距离为 0.5 cm，如图 2-49 所示。

图 2-48　"缩进和间距"选项卡 3　　　　图 2-49　"页边距"选项卡

② 设置页面为 A4 纸。

步骤：选择"页面布局"选项卡，在"页面设置"组中单击"纸张大小"下拉按钮，在弹出的下拉列表中单击"A4"命令，默认值即为 A4 纸，如图 2-50 所示。

提示：根据安装的 Office 软件的版本不同，Word 默认给出的度量单位也是不同的，可能是"cm"也可能是"磅"，我们应学会如何切换度量单位，方法：选择"文件"选项卡→"选项"命令，如图 2-51 所示，在"Word 选项"对话框→"高级"选项卡→"显示"中可修改"度量单位"，如图 2-52 所示，单击"确定"按钮。

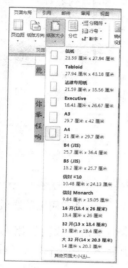

图 2-50 "纸张"选项卡

图 2-51 "文件"选项卡

③ 设置文档网格：每行 40 个字符，每页 44 行。

步骤：选择"页面布局"选项卡，单击"页面设置"组右下脚的 按钮，弹出"页面设置"对话框选择"文档网格"选项卡，选中"指定行和字符网格"单选按钮，设置每行 40 个字符，每页 44 行，如图 2-53 所示，单击"确定"按钮。

图 2-52 "Word 选项"对话框

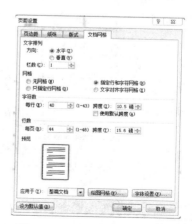

图 2-53 "文档网格"选项卡

④　设置页眉页脚：首页页眉内容为"身边的老师"，其他页页眉为"三人行必有我师"；页脚内容为页码；其中页码为"加粗显示的数字"的形式；页眉页脚均居中显示。

步骤1：选择"插入"选项卡→"页眉和页脚"组，单击"页眉"或"页脚"下拉按钮，在弹出的下拉列表中选择"编辑页眉"或"编辑页脚"选项，弹出"页眉和页脚工具"选项卡，在"选项"组中勾选"首页不同"复选框，如图2-54所示。添加首页页眉内容，如图2-55所示。在"页眉和页脚工具"选项卡"导航"组中单击"下一节"命令，输入其他页页眉，如图2-56所示。

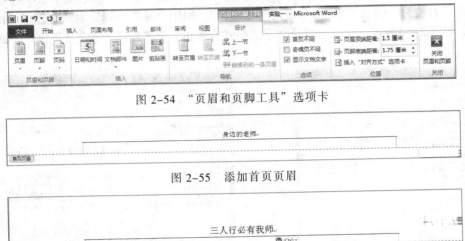

图2-54　"页眉和页脚工具"选项卡

身边的老师

图2-55　添加首页页眉

三人行必有我师

图2-56　添加其他页页眉

步骤2："页眉和页脚工具"选项卡，在"导航"组中单击"转至页脚"命令，光标定位首页页脚区，单击"开始"选项卡中"段落"组上的"居中"命令，将其对齐方式改为"居中"。选择"页眉和页脚工具"选项卡→"页眉和页脚"组中的"页码"下拉按钮，在弹出的下拉列表中单击"当前位置"，在展开列表中单击"加粗显示的数字选项"命令，如图2-57所示，可在"关闭"组中单击"关闭页眉和页脚"命令退出页眉页脚视图。

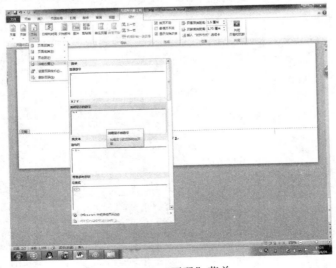

图2-57　"页码"菜单

注意：由于设置的页眉页脚的版式为"首页不同"，所以此时页码也要插入两次，即分别插入首页和其他页的页码。

（6）替换操作：将正文中所有"老师"替换为"teacher"，并设置其字体为 Times New Roman、绿色、加着重号。

步骤 1：选择"开始"选项卡→"编辑"组，单击"替换"命令，弹出"查找和替换"对话框的"替换"选项卡，分别输入查找和替换的内容，单击"更多"按钮展开高级选项，将光标定位在"替换为"的文本框中，"格式"，"字体"，调用"替换字体"对话框设定"teacher"的格式，如图 2-58 所示，在限定替换文字的格式后单击"全部替换"完成替换操作，如图 2-59 所示。

图 2-58 "替换字体"对话框

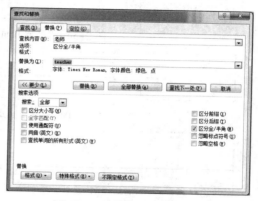

图 2-59 "替换"选项卡

步骤 2：将标题及页眉中被替换成"teacher"两处改回"老师"，原因是题目要求我们替换的是正文的"老师"。

实验三 ▯ Word 2010 文档排版操作

一、实验目的

（1）巩固 Word 文档基本格式的设置：字体格式、段落格式、页面格式；

（2）掌握 Word 文档文字段落排版：首字下沉、边框和底纹、分栏、背景；

（3）掌握 Word 文档高级排版：绘制图形、图文混排、艺术字、文本框、脚注、域、其他对象插入及格式设置；

（4）熟悉 Word 文档中表格的应用：表格插入、表格编辑、表格计算。

二、实验要点简述

1．Word 文档文字段落排版

1）首字下沉、首字悬挂

在 Word 2010 中排版时，如果希望突出显示某个段落中的第一个字，可以使用首字下沉或首字悬挂。被设置成首字下沉或悬挂的文字实际上已经成为文本框中的一个独立段落，为了美观也可以给它加上边框或底纹，而且只有在页面视图方式下才能查看所设置的效果。

设置首字下沉、首字悬挂方法有两种：

方法一：将光标定位在需要设置首字下沉或首字悬挂的段落中任意位置，选择"插入"选项卡，在"文本"组中单击"首字下沉"下拉按钮，在弹出的下拉列表中选择"下沉"或"悬挂"进行设置，如图 3-1 所示。

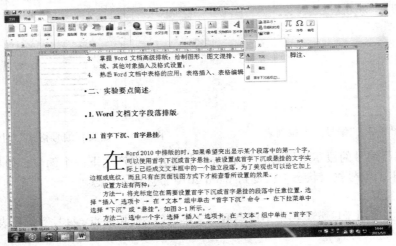

图 3-1 "首字下沉"下拉列表及其效果图

方法二：将光标定位在需要设置首字下沉或首字悬挂的段落中任意位置，选择"插入"选项卡，在"文本"组中单击"首字下沉"下拉按钮，在弹出的下拉列表中选择"首字下沉选项"命令，在弹出的"首字下沉"对话框中进行相关设置，如图 3-2 所示。

图 3-2　"首字下沉"对话框

2）项目符号和编号

在 Word 2010 中编辑文档的时候，若需要对文本进行顺序编号，经常用到项目符号和编号功能。编号是按照大小顺序为文档中的段落加编号。项目符号则是在一些段落的前面加上完全相同的符号。我们可以给文档中的所有段落加编号，也可以只给指定的段落加编号。

（1）项目编号

编号主要用于一定顺序的项目上。编号一般使用阿拉伯数字、中文数字或英文字母，以段落为单位进行标识

输入项目编号的方法有两种：

方法一：将光标定位在需要设置项目编号的段落中任意位置，选择"开始"选项卡，在"段落"组中单击"编号"命令右侧的下拉按钮，在弹出的下拉列表中直接选择合适的编号类型，如图 3-3 所示。

方法二：将光标定位在需要设置项目编号的段落中任意位置，选择"开始"选项卡，在"段落"组中单击"编号"命令右侧的下拉按钮，在弹出的下拉列表中选择"定义新编号格式"命令，弹出"定义新编号格式"对话框，如图 3-4 所示，可在此对话框中设置自定义的编号样式。

图 3-3　"编号"下拉列表

图 3-4　"定义新编号格式"对话框

光标处在已编号的段落末尾时，按【Enter】键会自动产生下一个编号；如果连续两次按【Enter】键将取消编号输入状态，恢复到 Word 2010 常规输入状态。

（2）项目符号

项目符号主要用于区分文档中不同类型的文本内容，使用原点、星号等符号表示项目符号，并以段落为单位进行标识。

项目符号的设置方法与编号的设置方法类似，将光标定位在需要设置项目符号的段落中任

意位置，选择"开始"选项卡，在"段落"组中单击"项目符号"命令右侧的下拉按钮 ≔·，在弹出的下拉列表"项目符号库"中直接选择合适的符号，如图 3-5 所示。或者选择"定义新项目符号"命令，弹出"定义新项目符号"对话框，如图 3-6 所示，可在此对话框中设置自定义的项目符号样式，如使用符号或图片作为项目符号等。

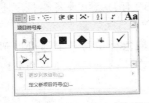

图 3-5　"项目符号"下拉列表　　　　图 3-6　"定义新项目符号"对话框

同样光标处在已有项目符号段的尾部时，按【Enter】键会自动产生下一个项目符号；如果连续两次按【Enter】键将取消项目符号输入状态，恢复到 Word 2010 常规输入状态。

3）边框和底纹

在编辑文档时如果想把某些文本或段落内容更加突出和醒目或使文档的外观效果更加美观，可以为文档在某些重要文本或段落添加边框和底纹。在 Word 2010 中，可以为字符、段落、图形或整个页面设置边框或底纹。

设置边框和底纹的方法有两种：

方法一：选中需要添加边框或底纹的字符或段落，选择"开始"选项卡，在"字体"组中通过单击"字符边框" Ⓐ 或"字符底纹" Ⓐ 命令进行边框或底纹的简单设置。

方法二：如果对边框和底纹的要求比较高，设置需要更加精确时，可以使用"边框和底纹"对话框设置，选中需要添加边框或底纹的字符或段落，选择"开始"选项卡，在"段落"组中单击"下框线"右侧的下拉按钮 ▦·，在弹出的下拉列表中选择"边框和底纹"命令，即可弹出"边框和底纹"对话框，如图 3-7 所示。

在"边框和底纹"对话框中有"边框"、"页面边框"以及"底纹"3 个选项卡分别对应设置文字或段落的边框、整个页面的边框以及文字或段落的底纹。在"应用于"下拉列表框选择边框或底纹的作用范围。

图 3-7　"边框和底纹"对话框

4）分栏

利用 Word 2010 的分栏排版功能，可以根据需要在文档中建立不同数量或不同版式的栏。在分栏的外观设置上，Word 2010 具有很大的灵活性，可以根据需要控制栏数、栏宽以及栏间距，还可以栏间添加分割线等。

设置分栏后，正文将逐栏排列。栏中文本的排列顺序是从最左边的一栏开始，自上而下地填满一栏后，再自动从一栏的底部接续到右边相邻一栏的顶端，并开始新的一栏。

设置分栏的方法有两种：

方法一：选中需要分栏的段落，选择"页面布局"选项卡，在"页面设置"组中选择"分栏"下拉按钮，在弹出的下拉列表中选择适合的栏数即可，如图3-8所示。

方法二：如果设置详细的分栏信息，则可选中需要分栏的段落，选择"页面布局"选项卡，在"页面设置"组中选择"分栏"下拉按钮，在弹出的下拉列表中选择"更多分栏"命令，弹出"分栏"对话框，如图3-9所示，在预设区选择栏数，选择是否加分隔线、确定宽度和间距以及栏宽是否相等，选择分栏是应用于所选文字还是整篇文档，单击"确定"按钮。

给含有最后一段的文本分栏时需要特别注意：分栏时有时会出现各栏长度不一致的情况，如图3-10左所示。那么，如何才能使各栏的长度一致呢？

解决方法是：在选中文本时，只要不把最后一段的段落标识符选上即可得到一个平衡栏；或把光标移到需平衡栏的段落结尾处，按【Enter】键，在段落最后添加一个分段标识符，再分栏也可得到等长栏的效果，结果如图3-10右所示。

 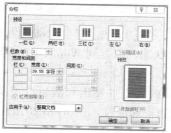 

图3-8 "分栏"下拉列表　　图3-9 "分栏"对话框　　　　图3-10 分栏对比图

5）文档背景

文档的背景在打印时并不会被打印出来，只有在页面视图、阅读版式视图及Web版式视图中背景才是可见的。在创建用于联机阅读的Word文档时，添加背景可以增强文本的视觉效果。在Word 2010中可以用某种颜色或过渡颜色、Word附带的图案甚至一幅图片作背景。

设置页面背景的方法是：选择"页面布局"选项卡，在"页面背景"组中选择"页面颜色"下拉按钮，在弹出的下拉列表中选择适合的颜色即可，如图3-11所示。或者在下拉列表中选择"填充效果"命令，在弹出的"填充效果"对话框中对背景进行设置，如图3-12所示。

在"填充效果"对话框中有"渐变"、"纹理"、"图案"以及"图片"四个选项卡分别对应设置背景颜色的渐变效果、纹理效果、图案效果以及将一幅图片设置为背景图案。

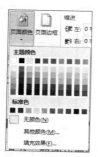 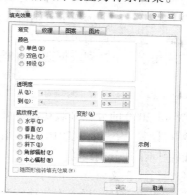

图3-11 "页面颜色"下拉列表　　　　图3-12 "填充效果"对话框

2．Word 文档高级排版

1）插入剪贴画

Word 2010 的文档中可以插入图像/图形。Word 2010 自身提供了内置的剪贴库。

插入剪贴画的方法是：选择"插入"选项卡，在"插图"组中单击"剪贴画"命令 ，在窗口右侧调用"剪贴画"任务窗格，单击"搜索"按钮后，如图 3-13 所示。在这个剪贴库中，可以选择在光标插入点插入一个图片、剪辑、声音等。

剪贴画格式的设置：插入剪贴画之后，单击所插入的剪贴画，在界面的选项卡区域内会新增"图片工具/格式"选项卡，如图 3-14 所示。"图片工具/格式"选项卡上的按钮可以对图片进行对比度、亮度的控制；可以将剪贴画进行裁剪，只选择需要的部分放在文档中；还可以选择剪贴画在文档中和文字之间的位置关系；如果不满意设置，可以选择"重设图片"按钮等。

图 3-13　"剪贴画"
任务窗格

将剪贴画的版式设置为除"嵌入型"外的任意一种类型后，"图片工具，格式"选项卡中原先是灰色的"边框"组会变亮，如图 3-15 所示。此时，可以对剪贴画的背景色和边框进行颜色的设置，也可设置边框的线条。

单击"边框"组右下角 按钮可弹出"设置图片格式"对话框"颜色与线条"选项卡，如图 3-16 所示，在此可设置剪贴画的填充颜色以及边框类型、颜色等。

单击"设置图片格式"对话框→"大小"选项卡，如图 3-17 所示，可设置剪贴画的大小。一幅图片的高度和宽度一般都是成一定的比例的，如果保持图片的原有"纵横比"进行大小缩放，则设置高度或宽度的绝对值后，单击"确定"按钮即可。如果按指定高度和宽度或指定的

图 3-14　"图片工具，格式"选项卡　　　　　　　图 3-15　"边框"组

图 3-16　"设置图片格式"对话框
"颜色与线条"选项卡

图 3-17　"设置图片格式"对话框
"大小"选项卡

高度和宽度的缩放百分比的进行大小缩放，则需要将"锁定纵横比"前的√去掉，设置高度和宽度绝对值或在缩放区域设置图片高度和宽度的百分比，单击"确定"按钮。

单击"设置图片格式"对话框→"版式"选项卡，如图 3-18 所示，为图片在文档中相对文字位置的版式设置。默认图片的环绕方式为"嵌入型"，这种方式下，一幅图片相当于一个字符，只是占据的位子比字符大，无法将图片放置到文档的任意位置。如果需要将图片放置到文字中间，则可以单击图 3-18 中的"高级"按钮，弹出"布局"对话框→"文字环绕"选项卡，如图 3-19 所示，根据图示选择不同的环绕方式：四周型、紧密型、上下型、浮于文字上方、衬于文字下方等。

图 3-18　"版式"选项卡　　　　　图 3-19　"文字环绕"选项卡

2）插入图片

插入图片是在文档中指插入计算机磁盘内的图片文件。

插入图片的方法是：选择"插入"选项卡，在"插图"组中单击"图片"命令 ，弹出"插入图片"对话框，如图 3-20 所示，选择打开一个图片文件插入正在编辑的文档中。

图片格式的设置同剪贴画格式的设置。

图 3-20　"插入图片"对话框

3）插入图形

在 Word 2010 中，图形和图片是两个不同的概念，图片一般来自文件，或者来自扫描仪或数码照相机等；而图形是指 Word 绘图工具所画的图。Word 中图形包括直线、箭头、流程图、星与旗帜、标注等。

　　插入图形的方法是：选择"插入"选项卡，在"插图"组中单击"形状"下拉按钮，在弹出的下拉列表中选择需要的图形插入文档中，如图 3-21 所示。

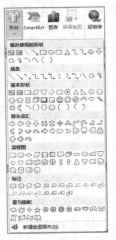

图 3-21　"形状"下拉列表

　　在"形状"下拉列表中选中一种需要的图形按钮后，在文档窗口中光标会变成十字形，按住鼠标左键并拖动即可绘制图形。选中绘制好的图形，文档窗口选项卡区域会新增"绘图工具格式"选项卡，如图 3-22 所示。在"绘图工具/格式"选项卡中可设置图形的格式。

图 3-22　"绘图工具/格式"选项卡

4）插入艺术字

　　艺术字就是各种各样的美术字，它变化无穷、千姿百态。艺术字给文档添加了强烈的视觉效果，越来越被大众喜爱，被广泛应用于宣传、商标、标语、黑板报、各类广告、报刊杂志中。

　　插入艺术字的方法是：选择"插入"选项卡，在"文本"组中单击"艺术字"下拉按钮，在弹出的下拉列表中选择需要的艺术字样式，如图 3-23 所示。

　　选择艺术字的样式后，弹出"编辑艺术字文字"对话框，对艺术字的文字内容、大小、字型进行设置，如图 3-24 所示。

图 3-23　"艺术字"下拉列表

图 3-24　"编辑艺术字文字"对话框

　　插入艺术字完成后，则可以将艺术字看成图片一样进行处理。选中插入的艺术字后，文档窗口选项卡区域会新增"艺术字工具/格式"选项卡，如图 3-25 所示。通过这个选项卡可对插入的艺术字进行编辑，如：编辑文字内容、改变艺术字的样式、设置艺术字的形状、设置艺术字的三维效果、位置及大小等。

图 3-25　"艺术字工具/格式"选项卡

5）插入文本框

　　Word 2010 中还可以将一部分文字作为一个整体，放在"文本框"中，然后将"文本框"作为一个单元放置到文档中去，这个文本框可以像图片一样进行各种环绕方式、背景色、大小、线条的设置。

　　插入文本框的方法是：选择"插入"选项卡，在"文本"组中单击"文本框" 下拉按钮，在弹出的下拉列表中选择需要的文本框样式，如图 3-26 所示。

　　选中一种文本框样式后，在文档窗口中将弹出一个文本框，并且该文本框处于编辑状态，如图 3-27 所示为一个简单文本框，删除里面的文字，输入文本，然后将文本框放置到文档适当位置中即可。

图 3-26　"文本框"下拉列表

图 3-27　简单文本框

　　选中插入的文本框后，文档窗口选项卡区域会新增"文本框工具/格式"选项卡，如图 3-28 所示。通过这个选项卡可对插入的文本框进行编辑，如：绘制新文本框、编辑文字方向、改变文本框的样式、设置文本框的填充效果以及边框样式、设置文本框的三维效果、位置及大小等。

图 3-28　"文本框工具/格式"选项卡

6）图文混排

用户先在文档中插入剪贴画、图片、艺术字等，然后就可以进行图文混排。图文混排就是将文字与图片混合排列，文字可以在图片的四周、嵌入图片下面、浮于图片上方等。

图文混排方法是：先选中某张图片，选择打开的"图片工具/格式"选项卡，在"排列"组中单击"位置"下拉按钮，打开"位置"下拉列表，如图 3-29 所示，在"位置"下拉列表中选择合适的的文字环绕按钮。

这些文字环绕方式包括"顶端居左，四周型文字环绕"、"顶端居中，四周型文字环绕"、"顶端居右，四周型文字环绕"、"中间居左，四周型文字环绕"、"中间居中，四周型文字环绕"、"中间居右，四周型文字环绕"、"底端居左，四周型文字环绕"、"底端居中，四周型文字环绕"、"底端居右，四周型文字环绕" 9 种文字环绕方式。效果可以从文字环绕按钮图标上看出。

其实除这 9 种文字环绕方式按钮外，还有其他环绕方法，如"穿越型"、"衬于文字下方"、"浮于文字上方"等。

选择其他环绕方式的方法是：在"位置"下拉列表中选择"其他布局选项"命令，弹出"布局"对话框，如图 3-30 所示，在"布局"对话框中，选择"文字环绕"选项卡，选择"环绕方式"中的一种，最后单击"确定"按钮。

图 3-29　"位置"下拉列表　　　图 3-30　"布局"对话框"文字环绕"选项卡

7）插入脚注

脚注是对单词或词语的解释或补充说明，默认位置放在每一页的底端，也可根据需要放在文字下方。

插入脚注的方法是：选择"引用"选项卡，在"引文与书目"组中单击"插入脚注"命令，光标会自动跳到页面的最底端，并出现脚注编号，在编号后输入需要注释的内容即可，同时需要注释的文字旁会出现相同的编号，光标悬停在该编号上会出现注释内容，如图 3-31 所示。

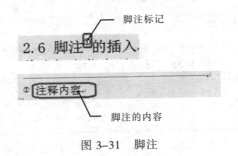

图 3-31　脚注

如对脚注的位置或编号样式有要求，可在"引文与书目"组右下角单击 ▯ 按钮，弹出"脚注和尾注"对话框，如图 3-32 所示，设置好脚注的格式后直接单击"插入"按钮，光标会自动跳到选择注释所在的位置，输入注释内容即可。

3．Word 文档中表格的应用

用户可以在文档窗口中制作表格，完成对数据的管理。

1）创建表格

绘制表格的方法有三种：

方法一：选择"插入"选项卡，在"表格"组中单击"表格"命令 ▯，在"插入表格"面板中拖动鼠标设置表格的行数和列数，如图 3-33 所示。

方法二：选择"插入"选项卡，在"表格"组中单击"表格" ▯ 下拉按钮，在弹出的下拉列表中选择"插入表格"命令，弹出"插入表格"对话框，如图 3-34 所示，在对话框中设置边个列数和行数，单击"确定"按钮。

图 3-32 "脚注和尾注"对话框　　图 3-33 "插入表格"面板　　图 3-34 "插入表格"对话框

方法三：选择"插入"选项卡，在"表格"组中单击"表格" ▯ 下拉按钮，在弹出的下拉列表中选择"绘制表格"命令，鼠标呈现画笔状态时，可直接在文档中绘制表格。

2）编辑表格

选中插入的表格后，文档窗口选项卡区域会新增"表格工具/设计"以及"表格工具/布局"两个选项卡，如图 3-35、图 3-36 所示。

在"表格工具/设计"选项卡中可对插入的表格的外观属性进行编辑，如：编辑表格的样式、设置表格的边框和底纹、绘制和擦除表格等。

在"表格工具/布局"选项卡中可对插入的表格的行、列以及单元格的属性进行编辑，如：在指定的位置插入新行或新列、拆分或合并单元格、指定单元格的大小、单元格内文字的对齐方式、单元格内文字的方向、单元格内数据的排序及计算等。

图 3-35 "表格工具/设计"选项卡

图 3-36 "表格工具/布局"选项卡

三、实验内容

在 D 盘的根目录下新建一个以本人学号和姓名为文件名的作业文件夹，文件夹名称例如："2010030100001 张三"，下面称这个文件夹为作业文件夹，请严格按照要求命名。

1. 练习 1

调入实验素材文件夹中的 ED2-1.RTF 文件，请参照"样张-1.pdf"，按下列要求完成 Word 操作练习，完成后将文件以"实验三-1"命名，文件类型：Word 文档，保存在之前建好的作业文件夹中。

（1）将页面设置为：A4 纸，左、右页边距均为 2cm，上、下边距均为 2.5cm，装订线位于页面左侧，装订线距离为 0.5cm，页面每页 43 行，每行 40 个字符。

（2）文章加标题"中国经济发展推动能源需求增长"，设置其字体格式为华文彩云、一号字、加粗、红色、居中，并为标题段填充灰色-15%底纹。

（3）参考样张-1，在适当位置插入竖排文本框"能源增长"，设置其字体格式为华文新魏、二号字、红色，并设置文本框环绕方式为紧密型，填充蓝色。

（4）参考样张-1，在适当位置插入艺术字"中国经济发展"，要求采用第五行第四列式样，艺术字字体为隶书、40 号、加粗，桥型，环绕方式为四周型。

（5）参考样张-1，在适当位置插入"云形标注"自选图形，设置其环绕方式为紧密型，填充黄色，并在其中添加文字"中国经济的快速发展和人民生活水平的显著改善"。

（6）设置奇数页页眉为"经济发展"，偶数页页眉为"能源需求"，字体格式均为楷体、五号、居中显示；在正文右下角插入页码，首页显示页码。

（7）将正文中所有的"能源消费"设置为蓝色、加粗、双下划线格式。

（8）设置正文所有段落段前段后间距均为 0.5 行，设置正文第一段首字下沉 2 行，首字字体为隶书，其余段落首行缩进 2 字符。

（9）在正文第一段中，为文字"GDP"添加脚注，编号格式为"1，2，3，…"，脚注内容为"国民生产总值"。

（10）为正文第四段填充淡蓝色底纹，加红色 1.5 磅带阴影边框。

（11）参考样张-1，在正文第五段适当位置以四周型环绕方式插入图片"应对能源.jpg"，并设置图片高度、宽度大小缩放 150%。

（12）将正文最后一段分为等宽两栏，栏间加分隔线。

2. 练习 2

调入实验素材文件夹中的 ED2-2.RTF 文件，请参照"样张-2.pdf"，按下列要求完成 Word 操作练习，完成后将文件以"实验三-2"命名，文件类型：Word 文档，保存在之前建好的作业文件夹中。

（1）将页面设置为：A4 纸，上、下页边距为 2.5cm，左、右页边距为 3cm，每页 40 行，每行 42 个字符。

（2）给文章加标题"专利"，居中显示，设置其格式为华文行楷、红色、加粗、一号字，字符间距缩放 200%。

（3）参考样张-2，将正文中所有小标题文字设置为绿色、小四号字，并加金色 3 磅方框、填充灰色-10%底纹。

（4）设置正文第二段首字下沉 2 行，首字字体为隶书，其余各段（不含小标题）均设置为首行缩进 2 字符。

（5）参考样张-2，在正文适当位置插入自选图形"椭圆形标注"，添加文字"知识产权"，设置文字格式为：华文新魏、蓝色、小二号字，设置自选图形格式为：海绿色填充色、紧密型环绕。

（6）参考样张-2，在正文适当位置插入图片 wipo.jpg，设置图片高度、宽度缩放比例均为120%，绿色 1 磅边框，环绕方式为四周型。

（7）设置页眉为"世界知识产权组织"，页脚为自动图文集"第 X 页 共 Y 页"，均居中显示。

四、实验步骤

在 D 盘的根目录下新建一个以本人学号和姓名为文件名的作业文件夹，文件夹名称例如："2010030100001 张三"，下称这个文件夹为作业文件夹，请严格按照要求命名。

1．练习 1

调入实验素材文件夹中的 ED2-1.RTF 文件，请参照"样张-1.pdf"，按下列要求完成 Word 操作练习，完成后将文件以"实验三-1"命名，文件类型：Word 文档，保存在之前建好的作业文件夹中。

（1）将页面设置为：A4 纸，左、右页边距均为 2cm，上、下边距均为 2.5cm，装订线位于页面左侧，装订线距离为 0.5cm，页面每页 43 行，每行 40 个字符；

步骤 1：选择"页面布局"选项卡，在"页面设置"组中单击"页边距"下拉按钮，在弹出的下拉列表中选择"自定义边距"，弹出"页面设置"对话框"页边距"选项卡，在此选项卡中设定页边距、装订线边距，如图 3-37 所示。

步骤 2：在"页面设置"对话框中，单击"文档网格"选项卡，选中"指定行和字符网格"单选按钮，设置每行 40 个字符，每页 43 行，如图 3-38 所示。

图 3-37　"页边距"选项卡　　　　　图 3-38　"文档网格"选项卡

（2）文章加标题"中国经济发展推动能源需求增长"，设置其字体格式为华文彩云、一号字、加粗、红色、居中，并为标题段填充灰色-15%底纹。

步骤 1：将鼠标定位在文档的最开头，按【Enter】键在文档的最前方加一个空行，在空行中使用键盘输入标题"中国经济发展推动能源需求增长"。

步骤 2：选中步骤 1 中输入的文字，选择"开始"选项卡，单击"字体"组右下角 按钮，在弹出的"字体"对话框的"字体"选项卡中设置标题文字的格式：华文彩云、一号字、加粗、红色，如图 3-39 所示。

步骤 3：将光标定位在标题段中的任意位置，选择"开始"选项卡，在"段落"组单击"居中"命令，设置标题的段落格式为：居中，如图 3-40 所示。

图 3-39 "字体"选项卡   图 3-40 "缩进和间距"选项卡

步骤 4：选中步骤 1 中输入的文字，选择"开始"选项卡，在"段落"组中单击"边框和底纹"右侧的下拉按钮，在弹出的下拉列表中选择"边框和底纹"命令，即可弹出"边框和底纹"对话框，在"边框和底纹"对话框的"底纹"选项卡中设置标题段填充灰色-15%底纹，应用于：段落，如图 3-41 所示。

（3）参考样张-1，在适当位置插入竖排文本框"能源增长"，设置其字体格式为华文新魏、二号字、红色，并设置文本框环绕方式为紧密型，填充蓝色。

步骤 1：选择"插入"选项卡，在"文本"组中单击"文本框"下拉按钮，在弹出的下拉列表中选择"绘制竖排文本框"命令，在文档窗口中光标会变成十字形，按住鼠标左键并拖动即可绘制文本框。

图 3-41 "底纹"选项卡

步骤 2：在文本框中使用键盘输入"能源增长"，选中输入的文本，选择"开始"选项卡，在"字体"组设置文字的格式：华文新魏、二号字、红色。

步骤 3：选中文本框，调节文本框的大小，并根据样张所示，调整文本框的位置。

步骤 4：选中文本框，右击，在弹出的快捷菜单中调用"设置文本框格式"对话框来设置文本框的填充色及环绕方式，如图 3-42、图 3-43 所示。

（4）参考样张-1，在适当位置插入艺术字"中国经济发展"，要求采用第五行第四列式样，艺术字字体为隶书、40 号、加粗，桥型，环绕方式为四周型。

步骤 1：选择"插入"选项卡，在"文本"组中单击"艺术字"下拉按钮，在弹出的下拉列表中选择需要的艺术字样式为：第五行第四列式样，如图 3-44 所示。

步骤 2：同时会弹出 "编辑艺术字文字"对话框，设置艺术字字体为隶书、40 号、加粗，如图 3-45 所示，单击"确定"按钮。

图 3-42 "颜色与线条"选项卡

图 3-43 "版式"选项卡

图 3-44 "艺术字库"下拉列表

图 3-45 "编辑艺术字文字"对话框

步骤 3：选中艺术字，选择"艺术字工具/格式"选项卡，在"艺术字样式"组中单击"更改形状"下拉按钮，在弹出的下拉列表中设置艺术字的形状为"桥型"，如图 3-46 所示。

步骤 4：选中艺术字，选择"艺术字工具/格式"选项卡，在"排列"组中选择"位置"下拉按钮，在弹出的下拉列表中单击"其他布局选项"命令，弹出"布局"对话框，在"文字环绕"选项卡中设置艺术字的版式为"四周型"，如图 3-47 所示。

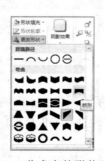

图 3-46 艺术字的形状下拉列表

图 3-47 "文字环绕"选项卡

（5）参考样张-1，在适当位置插入"云形标注"自选图形，设置其环绕方式为紧密型，填充黄色，并在其中添加文字"中国经济的快速发展和人民生活水平的显著改善"。

步骤 1：选择"插入"选项卡，在"插图"组中单击"形状" 下拉按钮，在弹出的下拉列表中选择"云形标注"，如图 3-48 所示，在文档窗口中光标会变成十字形，按住鼠标左键并拖动即可绘制"云形标注"。

步骤 2：在"云形标注"中使用键盘输入文字"中国经济的快速发展和人民生活水平的显著改善"。

步骤 3：选中"云形标注"，调节文本框的大小，并根据样张-1所示，调整文本框的位置。

步骤 4：选中"云形标注"，右击，在弹出的快捷菜单中调用"设置自选图形格式"对话框设置文本框的环绕方式为紧密型，填充黄色，如图 3-49、图 3-50 所示。

（6）设置奇数页页眉为"经济发展"，偶数页页眉为"能源需求"，字体格式均为楷体、五号、居中显示；在正文右下角插入页码，首页显示页码。

步骤 1：选择"插入"选项卡→"页眉和页脚"组，单击"页眉"或"页脚"下拉按钮，在弹出的下拉列表中选择"编辑页眉"或"编辑页脚"选项，弹出"页眉和页脚工具/设计"选项卡，在"选项"组中勾选"奇偶页不同"，如图 3-51 所示。

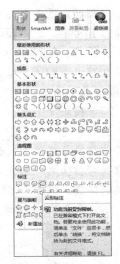

图 3-48　"形状"下拉列表

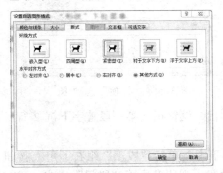

图 3-49　"版式"选项卡

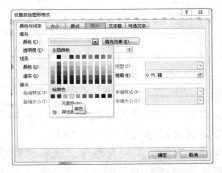

图 3-50　"颜色与线条"选项卡

图 3-51　"页眉和页脚工具/设计"选项卡

再分别添加奇数页页眉及偶数页页眉。相同页眉只需要添加一次，不需要一页一页重复添加，如图 3-52、图 3-53 所示。

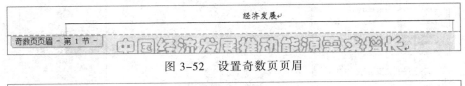

图 3-52　设置奇数页页眉

图 3-53　设置偶数页页眉

步骤 2：选中页眉中文字，选择"开始"选项卡，在"字体"组中设置标题文字的格式：楷体，五号字，在"段落"组中设置页眉对其方式：居中。

步骤 3："页眉和页脚工具/设计"选项卡，在"导航"组中单击"转至页脚"命令，光标定位在首页页脚区，单击"页眉和页脚"组中的"页码"下拉按钮，在弹出的下拉列表中单击"当前位置"命令，在展开列表中选"普通数字"选项，分别为奇数页和偶数页添加页码。

（7）将正文中所有的"能源消费"设置为蓝色、加粗、双下画线格式。

步骤：选择"开始"选项卡→"编辑"组，单击"替换"命令，弹出"查找和替换"对话框的"替换"选项卡，分别输入查找和替换的内容，单击"更多"按钮展开高级选项，将光标定位在"替换为"的文本框中→选择"格式"→"字体"命令，调用"替换字体"对话框设定替换的格式，如图 3-54 所示，单击"全部替换"按钮，如图 3-55 所示。

图 3-54　"字体"选项卡　　　　　　图 3-55　"替换"选项卡

（8）设置正文所有段落段前段后间距均为 0.5 行，设置正文第一段首字下沉 2 行，首字字体为隶书，其余段落首行缩进 2 字符。

步骤 1：选中正文所有段落，选择"开始"选项卡，单击"段落"组右下角 按钮，在弹出的"段落"对话框的"缩进和间距"选项卡中设置正文所有段落的段间距格式：段前段后间距均为 0.5 行，如图 3-56 所示，单击"确定"按钮。

步骤 2：将鼠标指针定位在第一段中任意位置，选择"插入"选项卡，在"文本"组中单击"首字下沉"下拉按钮，在弹出的下拉列表中选择"首字下沉选项"命令，在弹出的"首字下沉"对话框中设置正文第一段首字下沉 2 行，首字字体为隶书，如图 3-57 所示。

图 3-56　"缩进和间距"选项卡　　　　　　图 3-57　"首字下沉"对话框

步骤 3：选中除第一段外其他段落，选择"开始"选项卡，单击"段落"组右下角■按钮，在弹出的"段落"对话框的"缩进和间距"选项卡中的"特殊格式"的下拉列表框中选择"首行缩进"，在"设置值"框中设置2字符，单击"确定"按钮，如图 3-58 所示。

（9）在正文第一段中，为文字"GDP"添加脚注，编号格式为"1，2，3，…"，脚注内容为"国民生产总值"。

步骤 1：将光标定位在在正文第一段文字"GDP"的文字后方，选择"引用"选项卡，在"引文与书目"组右下角单击■，调用"脚注和尾注"对话框，在位置区选择"脚注"，在格式区设置编号格式为"1，2，3，…"，如图 3-59 所示。

图 3-58　"缩进和间距"选项卡

图 3-59　"脚注和尾注"对话框

步骤 2：设置好编号格式后直接单击"插入"按钮，光标会自动跳到页面的最底端，此时输入需要注释的内容"国民生产总值"，同时第一段"GDP"旁会出现编号1，并且将鼠标放在"GDP"上时会显示出脚注的内容"国民生产总值"，如图 3-60 所示。

（10）为正文第四段填充淡蓝色底纹，加红色1.5磅带阴影边框。

步骤 1：选中正文第四段，选择"开始"选项卡，在"段落"组中单击"下框线"右侧的下拉按钮■，在弹出的下拉列表中选择"边框和底纹"命令，弹出"边框和底纹"对话框，选中"底纹"选项卡，设置淡蓝色底纹，应用于"段落"，单击"确定"按钮，如图 3-61 所示。

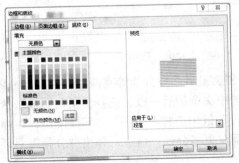

图 3-60　脚注

图 3-61　"底纹"选项卡

步骤 2：选中正文第四段，选择"开始"选项卡，在"段落"组中单击"下框线"右侧的下拉按钮■，在弹出的下拉列表中选择"边框和底纹"命令，弹出"边框和底纹"对话框，选中"边框"选项卡，设置红色 1.5 磅带阴影边框，应用于"段落"，单击"确定"按钮，如图 3-62 所示。

（11）参考样张-1，在正文第五段适当位置以四周型环绕方式插入图片"应对能源.jpg"，并设置图片高度、宽度大小缩放 150%。

步骤 1：参照样张-1 在正文的适当位置定位光标，选择"插入"选项卡，在"插图"组中单击"图片"命令 ，弹出"插入图片"对话框，找到相应图片并选中，如图 3-63 所示，单击"插入"按钮，将图片插入到文档。

图 3-62 "边框"选项卡

图 3-63 "插入图片"对话框

步骤 2：选中插入的图片，右击，在弹出的快捷菜单中调用"设置图片格式"对话框，单击"大小"选项卡，在"缩放"区，设置高度、宽度为 150%，如图 3-64 所示，单击"版式"选项卡，选择环绕方式为"四周型"，单击"确定"按钮，如图 3-65 所示。

图 3-64 "大小"选项卡

图 3-65 "版式"选项卡

（12）将正文最后一段分为等宽两栏，栏间加分隔线。

步骤：选中文章最后一段，选择"页面布局"选项卡，在"页面设置"组中选择"分栏" 下拉按钮，在弹出的下拉列表中选择"更多分栏"命令，弹出"分栏"对话框，在"分栏"对话框的"预设"中选择两栏、勾选"分隔线"、"栏宽相等"，如图 3-66 所示。

如出现如图 3-67 所示情况，则说明没有将该段分为平衡的两栏。

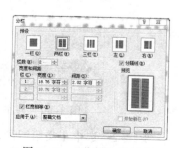

图 3-66 "分栏"对话框

解决方法：先将分栏格式去掉，选中最后一段文本，不包括分段符，（或在文章结尾通过按【Enter】键，给文章加一个分段符），再进行分栏就可以分出平衡的两栏，如图 3-68 所示。

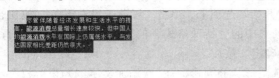

图 3-67　不平衡的两栏

图 3-68　平衡的两栏

2. 练习 2

调入实验素材文件夹中的 ED2-2.RTF 文件，请参照"样张-2.pdf"，按下列要求完成 Word 操作练习，完成后将文件以"实验三-2"命名，文件类型：Word 文档，保存在之前建好的作业文件夹中。

（1）将页面设置为：A4 纸，上、下页边距为 2.5cm，左、右页边距为 3cm，每页 40 行，每行 42 个字符。

步骤 1：选择"页面布局"选项卡，在"页面设置"组中单击"页边距"下拉按钮，在弹出的下拉列表中选择"自定义边距"，弹出"页面设置"对话框→"页边距"选项卡，在此选项卡中设定页边距。

步骤 2："页面设置"对话框→"纸张"选项卡，设置纸张大小为"A4"。

步骤 3："页面设置"对话框→"文档网格"选项卡，选择"指定行和字符网格"，设置每行 42 个字符，每页 40 行。

（2）给文章加标题"专利"，居中显示，设置其格式为华文行楷、红色、加粗、一号字，字符间距缩放 200%。

步骤 1：将鼠标指针定位在文档的最开头，按【Enter】键在文档的最前方加一个空行，在空行中使用键盘输入标题"专利"。

步骤 2：选中步骤 1 中输入的文字，选择"开始"选项卡，单击"字体"组右下角，弹出"字体"对话框，在"字体"选项卡中设置标题文字的格式：华文行楷、红色、加粗、一号字，在"字符间距"选项卡中设置标题文字的格式：字符间距缩放 200%。

步骤 3：再次选中步骤 1 中输入的文字，选择"开始"选项卡，在"段落"组单击"居中"命令，设置标题的段落格式：居中。

（3）参考样张-2，将正文中所有小标题文字设置为绿色、小四号字，并加金色 3 磅方框、填充灰色-10%底纹。

步骤 1：使用鼠标左键+【Ctrl】键同时选中文中三个小标题文字，选择"开始"选项卡，在"字体"组中设置小标题文字的格式：绿色、小四号字。

步骤 2：使用鼠标左键+【Ctrl】键同时选中文中三个小标题文字，在"段落"组中单击"下框线"右侧的下拉按钮，在弹出的下拉列表中选择"边框和底纹"命令，弹出"边框和底纹"对话框，选中"边框"选项卡为小标题加金色 3 磅方框，选中"底纹"选项卡设置小标题填充灰色-10%底纹。

（4）设置正文第二段首字下沉 2 行，首字字体为隶书，其余各段（不含小标题）均设置为首行缩进 2 字符。

步骤 1：将鼠标指针定位在正文第二段中任意位置，选择"插入"选项卡，在"文本"组中单击"首字下沉"下拉按钮，在弹出的下拉列表中选择"首字下沉选项"命令，在弹出的"首字下沉"对话框中设置首字下沉 2 行，字体为隶书。

　　步骤 2：选中除第二段外其他段落，选择"开始"选项卡，单击"段落"组右下角 按钮，在弹出的"段落"对话框的"缩进和间距"选项卡中的"特殊格式"的下拉列表框中选"首行缩进"，在"设置值"框中设置 2 字符，单击"确定"按钮。

　　（5）参考样张–2，在正文适当位置插入自选图形"椭圆形标注"，添加文字"知识产权"，设置文字格式为：华文新魏、蓝色、小二号字，设置自选图形格式为：海绿色填充色、紧密型环绕。

　　步骤 1：选择"插入"选项卡，在"插图"组中单击"形状" 下拉按钮，在弹出的下拉列表中选择"椭圆形标注"，在文档窗口中光标会变成十字形，按住鼠标左键并拖动即可绘制"椭圆形标注"。

　　步骤 2：在"椭圆形标注"中使用键盘输入文字"知识产权"，设置文字格式为：华文新魏、蓝色、小二号字。

　　步骤 3：选中"椭圆形标注"，调节文本框的大小，并根据样张–2 所示，调整文本框的位置。

　　步骤 4：选中"椭圆形标注"，右击，在弹出的快捷菜单中调用"设置自选图形格式"对话框设置文本框海绿色填充色、紧密型环绕。

　　（6）参考样张–2，在正文适当位置插入图片 wipo.jpg，设置图片高度、宽度缩放比例均为120%，绿色 1 磅边框，环绕方式为四周型。

　　步骤 1：参照样张–2 在正文的适当位置定位光标，选择"插入"选项卡，在"插图"组中单击"图片"命令 ，弹出"插入图片"对话框，找到相应图片并选中，单击"插入"按钮，将图片插入到文档。

　　步骤 2：选中插入的图片，右击，在弹出的快捷菜单中调用"设置图片格式"对话框，单击"大小"选项卡，在"缩放"区，设置高度、宽度为 120%，单击"版式"选项卡，选择环绕方式为"四周型"，单击"确定"按钮。

　　步骤 3：选中插入的图片，右击，在弹出的快捷菜单中调用"设置图片格式"对话框，单击"颜色与线条"选项卡，在"线条"区，设置绿色 1 磅边框，单击"确定"按钮。

　　（7）设置页眉为"世界知识产权组织"，页脚为自动图文集"第 X 页　共 Y 页"，均居中显示；

　　步骤 1：选择"插入"选项卡→"页眉和页脚"组，单击"页眉"下拉按钮，在弹出的下拉列表中选择"编辑页眉"选项，将正文视图切换到页眉页脚视图，此时正文部分变灰不可编辑，在页眉中输入"世界知识产权组织"。

　　步骤 2：选择"页眉和页脚工具"选项卡，在"导航"组中单击"转至页脚"命令，光标定位首页页脚区，单击"开始"选项卡中"段落"组上的"居中"命令 将其对齐方式改为"居中"，选择"页眉和页脚工具"选项卡，"页眉和页脚"组中的"页码"下拉按钮，在弹出的下拉列表中选择"当前位置"，在展开列表中选"X/Y 加粗显示的数字"选项，正文页脚的"X/Y"位置，在"X"前输入文字"第"，在"X"后输入文字"页"，同理在"Y"的前后分别输入"共"和"页"，最后把"/"斜杠改为"　"空格即可，在"关闭"组中单击"关闭页眉和页脚"命令退出页眉页脚视图。

★ 实验四 ▮ Word 2010 高级应用

一、实验目的

（1）掌握分隔符分页、分节、分栏的设置；
（2）掌握样式、主题、文档注释、交叉引用、目录和索引的应用；
（3）掌握域、邮件合并批量处理文档；
（4）掌握文档审阅和修订；
（5）掌握多窗口和多文档的编辑、文档视图的使用。

二、实验要点简述

1．Word 文档高效排版

1）分页符与分节符

在编辑文档时，系统会自动分页。也可以通过插入分页符在指定位置强制分页。

在默认方式下，Word 将整个文档视为一"节"，对页面的设置是应用于整个文档。在进行 Word 文档排版时，经常需要对同一文档中不同部分采用不同的版面设置，例如：设置不同的页眉页脚、页边距、页面方向、文字方向、页码编排，或重新分栏排版等，只需插入"分节符"把文档分成几个"节"，然后按需要对每个"节"设置不同的格式。

一个"节"可以包含多个页，一个页也可以分成几个"节"。

（1）分页符

分页符有两种：自动分页符和手动分页符。

自动分页符是当用户输入文字或其他对象满一页时，Word 会自动进行换页，并在文档中插入一个分页符。自动分页符在大纲或草稿视图方式下会显示为一条水平的虚线。

手动分页符是用户在文档的任意位置都可以插入的分页符。在页面视图方式下，Word 把分页符前后的内容分别放在不同的页面中。

手动插入分页符的方法有两种：

方法一：光标定位在需要分页的位置，选择"插入"选项卡，在"页"组单击"分页"命令 ▤ 。

方法二：光标定位在需要分页的位置，选择"页面布局"选项卡，在"页面设置"组中单击分隔符下拉按钮 ▤ 分隔符▾ ，在弹出的下拉列表中单击"分页符"命令，如图 4-1 所示。

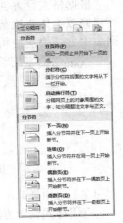

图 4-1 "分隔符"下拉列表

（2）分节符

用户可以把长文档任意分成多个节，每一节都可以按照不同的需求设置为不同的格式。在大纲或草稿视图方式下分节符是两条水平平行的虚线。Word 2010 会自动把当前节的页边距、页眉、页脚等格式化了的信息保存在分节符中。

插入分节符的方法是：光标定位在需要分节的位置，选择"页面布局"选项卡，在"页面设置"组中单击"分隔符"下拉按钮　，在弹出的下拉列表中单击"分节符"命令，如图 4-1 所示。

"分节符"组有 4 个命令，分别是：

① "下一页"命令：指在当前插入点处插入分页符，并在下一页上开始新的一节。

② "连续"命令：指在当前插入点处插入分页符，并同一页上开始新的一节。

③ "偶数页"命令：指在当前插入点处插入分页符，并在下一个偶数页上开始新的一节。如果这个分节符已经在偶数页上，那么下面的奇数页将会是一个空白页。

④ "奇数页"命令：指在当前插入点处插入分页符，并在下一个奇数页上开始新的一节。如果这个分节符已经在奇数页上，那么下面的偶数页将会是一个空白页。

在大纲或草稿视图的方式下，可以明确的看到分页符和分节符，如果发现插入的位置不正确，可把光标停在手动分页符或分节符的虚线上，按【Delete】键即可删除。

2）样式

样式是应用于文本的一系列格式特征，利用它可以快速改变文本的外观。当需应用样式时，只需执行一步操作就可应用一系列的格式。例如，如果希望报告中的标题醒目一些，不必分三步设置标题格式，（即把字号设置为三号，字体设置为黑体，并使其居中），只需应用"标题"样式即可取得同样的效果。

（1）创建样式

创建样式的方法是：选择"开始"选项卡，在"样式"组中单击"快速样式"下拉按钮，在弹出的下拉列表中选择一种合适的样式，如图 4-2 所示。如果菜单中没有满足需求的样式，可选择列表中"将所选内容保存为新快速样式"命令，如图 4-2 所示，弹出"根据格式设置创建新样式"对话框 1，如图 4-3 所示，在此对话框中可为新样式命名后单击"修改"按钮，弹出"根据格式设置创建新样式"对话框 2，如图 4-4 所示，在此对话框中直接修改或按"格式"按钮修改字体或段落格式，单击"确定"按钮保存新样式，新样式会出现在"快速样式"下拉列表中方便快速使用。

图 4-2　"快速样式"下拉列表

图 4-3　"根据格式设置创建新样式"对话框 1

（2）应用样式

应用样式设置方法：将光标定位到要设置样式的文字或段落上，选择"开始"选项卡，在"样式"组中单击"快速样式"下拉按钮，在弹出的下拉列表中选择一种合适的样式，如图 4-2 所示。

（3）修改样式

对于已经存在的样式可以进行修改，变为用户需要的样式。

　　修改样式的方法是：选择"开始"选项卡，单击"样式"组右下角 按钮，弹出"样式"窗格，如图 4-5 所示，在窗格中选中需要修改的样式，单击该样式的下拉按钮，在弹出的下拉列表中单击"修改"命令，弹出"修改样式"对话框，如图 4-6 所示，在该对话框中直接修改或单击"格式"下拉按钮，在弹出的下拉列表中选择相应命令，在弹出的对话框中进行修改，单击"确定"按钮。

（4）删除样式

　　在设置文档版式的过程中，样式过多会影响设置的样式的选择，降低效率，对于不需要或不经常使用的样式可以将其从样式列表中删除。

　　删除样式的方法是：选择"开始"选项卡，单击"样式"组右下角 按钮，弹出"样式"窗格，如图 4-5 所示，在窗格中选中需要删除的样式，单击该样式的下拉按钮，在弹出的下拉列表中单击"从快速样式库中删除"命令即可，如图 4-7 所示。

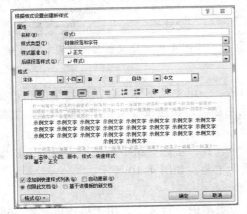

图 4-4　"根据格式设置创建新样式"对话框 2

图 4-5　"样式"窗格

图 4-6　"修改样式"对话框

图 4-7　"正文"样式下拉列表

（5）多级列表

　　应用多级列表可以清晰地表现复杂的文档层次。在 Word 2010 中可以拥有 9 个层级，在每个层级里可以根据需要设置不同的形式和格式。

　　多级列表的设置方法：选择"开始"选项卡，在"段落"组中单击"多级列表"下拉按钮 ，在弹出的下拉列表"列表库"中选择一种合适的列表，如图 4-8 所示。如果库中没有满足需求的列表，可单击列表中的"定义新的多级列表"命令，弹出"定义新多级列表"对话框，如图4-9所示，在此对话框中定义新的多级列表。

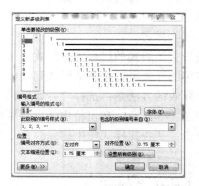

图4-8　"多级列表"下拉列表　　　图4-9　"定义新多级列表"对话框

3）主题

主题是一组格式的选项，包括一组主题颜色、一组主题字体（包括标题字体和正文字体）和一组主题效果（包括线条和填充效果）。使用主题可以快速改变文档的整体外观，主要包括字体、字体颜色和图形对象的效果。

主题的设置方法：选择"页面布局"选项卡，在"主题"组中单击"主题"下拉按钮，在弹出的下拉列表"内置"主题中选择一种合适的主题，如图4-10所示。

4）题注

题注是指表格、图表、公式或其他对象下方显示的一行文字，用于描述该对象。可以在插入表格、图表、公式或其他对象时自动添加题注，也可以为已有的表格、图表、公式或其他对象添加题注。

添加题注的方法是：光标定位在需要添加题注的对象下方，选择"引用"选项卡，在"题注"组中单击"插入题注"命令，弹出"题注"对话框，如图4-11所示，在此对话框中可设置题注样式，单击"新建标签"按钮添加新的标签，单击"编号"按钮设置题注编号样式。

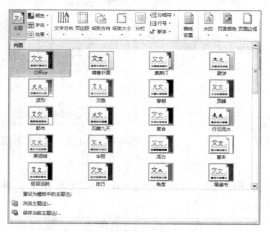

图4-10　"主题"下拉列表　　　图4-11　"题注"对话框

5）交叉引用

交叉引用是在文档的一个位置引用另一个位置的内容。Word 可以为标题、脚注、书签、题注、编号段落等建立交叉引用。使用交叉应用能使用户尽快找到想要找的内容，也能使长文档的结构更加紧凑、更有条理。

建立交叉引用的方法是：选择"引用"选项卡，在"题注"组中单击"交叉引用"命令，弹出"交叉引用"对话框，如图 4-12 所示，在此对话框的"引用类型"下拉列表中选择需要引用的对象类型，在此对话框的"引用内容"下拉列表中选择需要引用的对象的具体内容，单击"插入"按钮即可。

图 4-12　"交叉引用"对话框

6）目录

目录是长文档或书籍中不可缺少的一部分。在目录中会列出长文档或书中的各级标题以及每个标题所在的页码，通过目录可快速的查找到文档中所需阅读的内容。

自动插入目录的方法是：先设置文档中的各级标题，将光标定位在需要插入目录的位置，选择"引用"选项卡，在"目录"组中单击"目录"下拉按钮，在弹出的下拉列表的"内置"列表中选择"自动目录"样式插入目录，如图 4-13 所示，或在下拉列表中选择"插入目录"命令，在弹出的"目录"对话框中自定义目录样式后插入目录，如图 4-14 所示。

图 4-13　"目录"下拉列表

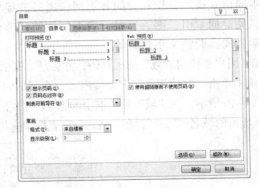

图 4-14　"目录"对话框

2. Word 高级应用

1）拆分窗口

在处理长文档时，可以使用 Word 拆分窗口功能，将文档的不同部分同时显示。拆分后的两个窗口是属于同一窗口的子窗口，各自独立工作，可以同时操作两个窗口，迅速地在文档不同部分之间切换。

拆分文档窗口的方法是：选择"视图"选项卡，在"窗口"组中单击"拆分"命令，文档中会出现一条横线，选择拆分位置，单击横线即可将当前窗口分割为两个子窗口。

取消拆分窗口合并成一个窗口的方法是：选择"视图"选项卡，在"窗口"组中单击"取消拆分"命令。

2）批注

批注是在文档编辑完成后，文档的审阅者为文档添加的注释、说明、建议、意见等信息。在审阅文档时，往往要对一些重要的地方加以批注，给予详细的说明，这样可以更加清晰地了解其含义。批注不属于正文内容，保存在文档中，随时可以调出查阅。批注不会影响文档格式，也不会被打印。

（1）新建批注

新建批注的方法是：选中需要添加批注的文本，选择"审阅"选项卡，在"批注"组中单击"新建批注"命令。

（2）删除批注

删除批注的方法是：选中需要删除的批注，选择"审阅"选项卡，在"批注"组中单击"删除"命令。

（3）隐藏批注

隐藏批注是指把批注隐藏起来，在页面视图中不显示批注。

隐藏批注的方法是：选择"审阅"选项卡，在"修订"组中单击"显示标记"下拉按钮弹出下拉列表，如图 4-15 所示，在下拉列表中取消勾选"批注"，即可隐藏批注。

3）域

域是 Word 中的一种特殊命令，它由花括号、域名、及选项开关构成。域就是引导 Word 在文档中自动插入文字、图形、页码或其他信息的一组代码。域分为域代码和域结果，域代码类似于公式，域结果类似于公式生成的结果。

域可以在无须人工干预的条件下自动实现许多复杂的工作，例如编排文档页码并统计总页数；按不同格式插入日期和时间并更新；通过链接与引用在当前文档中插入其他文档；自动创建目录、关键词索引、图表目录；实现邮件的自动合并与打印；执行加、减及其他数学运算；创建数学公式；调整文字位置等。

例如，用户要使用"域"插入页码，方法是：先单击要插入域的位置，选择"插入"选项卡，在"文本"组中单击"文档部件"下拉按钮 ，在弹出的下拉列表中单击"域"命令，弹出"域"对话框，如图 4-16 所示，在"域"对话框中的，"类别"下拉列表中单击"编号"命令，在"域名"列表框中选择所需的域名"Page"，在"格式"列表框中选择"1，2，3…"选项，最后单击"确定"按钮。

图 4-15　"显示标记"下拉列表　　　　　　图 4-16　"域"对话框

4）邮件合并

邮件合并功能是 Word 中的一项使用方便的高级功能，利用该功能可以方便地将数据表中的各行数据批量转成格式化的 Word 文档，进而大大提高工作效率。在实际工作中，只要是处理的文件主要内容基本相同，只是具体数据有变化，且每条记录单独成文、大量单独填写的文件，如邮件信封、标签、工资单、人事简历表、证件、通知单等都可以通过邮件合并功能来实现。

例如，使用邮件合并功能制作奖状的方法如下：

（1）建立了一个 Excel 的文档，输入两列数据，如表 4-1 所示，然后保存这个文件，并且关闭 Excel，一定要关闭才可以。

（2）进入 Word，输入一个普通的页面，排版，内容如下：

A 同学，获得学校设计 B 奖，特此鼓励！

（A 和 B 是没有文字的，这里写是为了给出例子。）

（3）在 A 处单击，选择"邮件"选项卡，在"开始邮件合并"组中单击"开始邮件合并"下拉按钮，在弹出的下拉列表中单击"普通的 Word 文档"命令，如图 4-17 所示。

（4）在"开始邮件合并"组中单击"选择收件人"下拉按钮，在弹出的下拉列表中选择"使用现有列表"命令，弹出"选取数据源"对话框，选择步骤 1 中建立的 Excel 文件，需要选你表格的页。

（5）在"编写和插入域"组中单击"插入合并域"下拉按钮，在弹出的下拉列表中显示步骤（1）中建立的 Excel 文件中数据的列标题姓名和奖励，A 处选择"姓名"插入，B 处选择"奖励"插入，效果如图 4-18 所示。

表 4-1 获奖名单

姓名	奖励
张三	一等
王无	二等
孙四	二等

图 4-17 "开始邮件合并"下拉列表

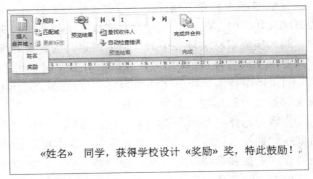

图 4-18 域插入效果图

（6）在"预览结果"组中单击"预览结果"命令，再单击左右箭头按钮可浏览所有奖状效果，如图 4-19 所示。

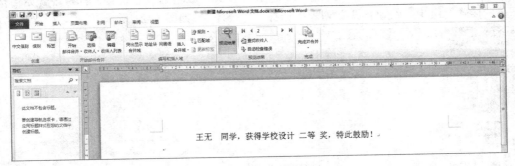

图 4-19 奖状预览效果

三、实验内容

在 D 盘的根目录下新建一个以本人学号和姓名为文件名的作业文件夹，文件夹名称例如："2010030100001 张三"，下称这个文件夹为作业文件夹，请严格按照要求命名。

调入实验素材文件夹中的"羽毛球运动的起源和发展.docx"文件，请参照"样张.pdf"，按下列要求完成 Word 操作练习，完成后将文件保存在之前建好的作业文件夹中。

（1）运用替换功能将文档内容自然分段（每 5 个空格替换为回车），形成"起源"、"规则的演变"等五个章标题及多个自然段。

（2）为文档的标题"羽毛球运动的起源和发展"运用样式"标题 1"。

（3）新建样式"章节 1"：宋体，加粗，小三，居中显示，编号形式为"第 1 章，第 2 章…"，并将新建样式运用于每个章节标题。

（4）修改"正文"样式段落间距为段前 1 行，段后 1 行，首行缩进 2 个字符，并运用到正文中。

（5）在文档标题与第 1 章之间插入目录，目录由样式"章节 1"构成，显示页码。

（6）在目录后插入分节符，将后面的内容设为"下一页"，为文档第一节插入页脚"羽毛球运动的起源和发展"，居中显示；为文档的第二节插入形如"第 X 页 共 Y 页"页脚。

四、实验步骤

在 D 盘的根目录下新建一个以本人学号和姓名为文件名的作业文件夹，文件夹名称例如："2010030100001 张三"，下称这个文件夹为作业文件夹，请严格按照要求命名。

调入实验素材文件夹中的"羽毛球运动的起源和发展.docx"文件，请参照"样张.pdf"，按下列要求完成 Word 操作练习，完成后将文件保存在之前建好的作业文件夹中。

（1）运用替换功能将文档内容自然分段（每 5 个空格替换为回车），形成"起源"、"规则的演变"等五个章标题及多个自然段。

步骤：选择"开始"选项卡，在"编辑"组中单击"替换"按钮，弹出"查找和替换"对话框→"替换"选项卡，在"查找内容"文本框中使用键盘输入"5 个空格"，单击"更多"按钮展开"查找和替换"对话框，在"替换为"文本框中输入"回车"，"回车"不能使用键盘输入，单击"特殊格式"下拉按钮，在弹出的下拉列表中选择"段落标记"，如图 4-20 所示，单击"全部替换"按钮完成替换。

（2）为文档的标题"羽毛球运动的起源和发展"运用样式"标题 1"。

步骤：光标定位在标题"羽毛球运动的起源和发展"段落的任意位置，选择"开始"选项卡，在"样式"组中"快速样式"列表中选择"标题 1"，如图 4-21 所示。

图 4-20 "查找和替换"对话框

图 4-21 "样式"组

（3）新建样式"章节 1"：宋体，加粗，小三，居中显示，编号形式为"第 1 章，第 2 章…"，并将新建样式运用于每个章节标题。

步骤 1：选择"开始"选项卡，在"样式"组中单击"快速样式"下拉按钮，在弹出的下拉列表中单击"将所选内容保存为新快速样式"命令，如图 4-22 所示。

步骤 2：弹出"根据格式设置创建新样式"对话框，在此对话框中可为新样式命名为"章节 1"，如图 4-23 所示。

图 4-22 "快速样式"下拉列表　　　图 4-23 "根据格式设置创建新样式"对话框

步骤 3：后单击"修改"按钮，弹出"修改样式"对话框，修改样式格式为宋体，加粗，小三，居中显示，如图 4-24 所示，在此对话框中单击"格式"下拉按钮，在弹出的下拉列表中单击"编号"命令，在弹出的"编号和项目符号"对话框中单击"定义新编号格式"按钮，弹出"定义新编号格式"对话框，在"编号格式"文本框中将编号格式修改为"第 1 章"，其中"1"为域，如图 4-25 所示，单击"确定"按钮保存新样式"章节 1"。

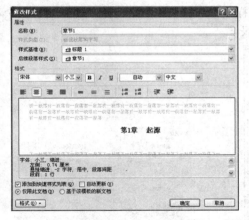

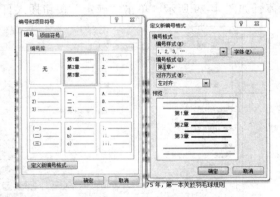

图 4-24 "修改样式"对话框　　　图 4-25 "编号和项目符号"对话框与
"定义新编号格式"对话框

步骤 4："章节 1"会出现在"快速样式"菜单中，将新建样式运用于每个章节标题。

（4）修改"正文"样式段落间距为段前 1 行，段后 1 行，首行缩进 2 个字符，并运用到正文中。

步骤 1：选择"开始"选项卡，在"样式"组中单击"快速样式"下拉按钮，在弹出的下拉列表中右击"正文"样式，在弹出的快捷菜单中选择"修改"命令，如图 4-26 所示。

步骤 2：弹出"修改样式"对话框，在此对话框中按"格式"下拉按钮，在弹出的下拉列表中选择"段落"命令，在弹出的"段落"对话框中设置段落间距为段前 1 行，段后 1 行，首行缩进 2 个字符，如图 4-27 所示，单击"确定"按钮保存"正文"样式。

图 4-26　"正文"样式快捷菜单　　　　　　图 4-27　"段落"对话框

步骤 3：将修改后的"正文"样式运用于除标题外的所有正文。

（5）在文档标题与第 1 章之间插入目录，目录由样式"章节 1"构成，显示页码。

步骤 1：在文档标题与第 1 章之间插入一个空行，将光标定位在这个新增的空行上。

步骤 2：选择"引用"选项卡，在"目录"组中单击"目录"下拉按钮，在弹出的下拉列表中选择"插入目录"命令，弹出的"目录"对话框，如图 4-28 所示，单击"选项"按钮，弹出"目录选项"对话框，在此对话框中的"有效样式"选择区域内只选择"章节 1"，其余都去掉，如图 4-29 所示，单击"确定"按钮插入目录。

图 4-28　"目录"对话框　　　　　　　　图 4-29　"目录选项"对话框

（6）在目录后插入分节符，将后面的内容设为"下一页"，为文档第一节插入页脚"羽毛球运动的起源和发展"，居中显示；为文档的第二节插入形如"第 X 页 共 Y 页"页脚。

步骤 1：光标定位在需要分节的位置，单击"页面布局"选项卡，在"页面设置"组中单击"分隔符"下拉按钮，在弹出的下拉列表中选择"下一页"命令，如图 4-30 所示。

步骤 2：选择"插入"选项卡→"页眉和页脚"组，单击"页脚"下拉按钮，在弹出的下拉列表中选择"编辑页脚"选项，将正文视图切换到页眉页脚视图，此时正文部分变灰不可编辑，在第一页页脚中输入文字"羽毛球运动的起源和发展"，居中显示，如图 4-31 所示。

图 4-30　"分隔符"下拉列表

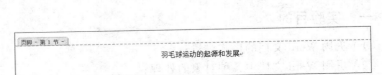

图 4-31　第 1 节页脚

步骤 3：选择"页眉和页脚工具"选项卡，在"导航"组中单击"下一节"命令，光标定位在下一节页脚区，并在"导航"组取消"链接到前一条页眉"命令，将第 2 节页脚中文字"羽毛球运动的起源和发展"删除，选择"页眉和页脚工具"选项卡，"页眉和页脚"组中的"页码"下拉按钮，在弹出的下拉列表中选择"当前位置"，在展开列表中选"X/Y 加粗显示的数字"选项，正文页脚的"X/Y"位置，在"X"前输入文字"第"，在"X"后输入文字"页"，同理在"Y"的前后分别输入"共"和"页"，最后把"/"斜杠改为" "空格即可，如图 4-32 所示，在"关闭"组中单击"关闭页眉和页脚"命令退出页眉页脚视图。

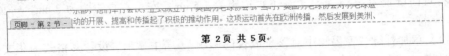

图 4-32　第 2 节页脚

实验五 Word 2010 综合实验

一、实验目的

（1）巩固 Word 文档的格式设置；

（2）巩固 Word 文档中各种对象的处理；

（3）综合应用 Word 提供的多种功能。

二、实验内容

在 D 盘的根目录下新建一个以本人学号和姓名为文件名的作业文件夹，文件夹名称例如："2010030100001 张三"，下称这个文件夹为作业文件夹，完成以下内容：

实验 1

调入素材文件夹中的 ED-1.RTF 文件，请参照样张 "样张-1.pdf"，按下列要求完成 Word 操作练习。完成后将文件保存在之前建好的作业文件夹中。

（1）将页面设置为：A4 纸，上、下页边距为 2.5 cm，左、右页边距为 3 cm，每页 40 行，每行 39 个字符。

（2）给文章加标题 "警惕噪声对孩子成长的影响"，居中显示，设置其格式为华文行楷、粗体、小一号字。

（3）参考样张，给正文第二段加蓝色 1.5 磅阴影边框，填充浅黄色底纹。

（4）设置正文为 1.5 倍行距，第一段首字下沉 2 行，首字字体为隶书，其余各段均设置为首行缩进 2 字符。

（5）设置奇数页页眉为 "警惕噪声"，偶数页页眉为 "保护儿童"，所有页页脚为自动图文集 "第 X 页 共 Y 页"，均居中显示。

（6）参考样张，在正文第五段适当位置插入图片 child.jpg，设置图片高度、宽度缩放比例均为 120%，环绕方式为四周型，并为图片建立超链接，指向文档顶端。

（7）参考样张，将正文中所有 "分贝" 设置为黑体、加粗、蓝色。

（8）将正文倒数第二段分成等宽两栏，加分隔线。

实验 2

调入素材文件夹中的 ED-2.RTF 文件，请参照样张 "样张-2.pdf"，按下列要求完成 Word 操作练习。完成后将文件保存在之前建好的作业文件夹中。

（1）将页面设置为：A4 纸，上、下页边距为 3 cm，左、右页边距为 2 cm，每页 39 行，每行 42 个字符。

（2）参考样张，给文章加标题 "污染大气的元凶"，设置标题格式为楷体、一号字、红色、加粗、居中，段前段后间距为 0.5 行。

（3）将正文中所有的"污染"设置为小四号字、红色、加粗。

（4）设置正文第一段首字下沉 2 行，首字字体为隶书、蓝色，其余各段落（除小标题外）设置为首行缩进 2 字符。

（5）参考样张，将正文中所有小标题设置为小四号字、加粗、倾斜，并将各小标题的数字编号改为实心圆项目符号。

（6）参考样张，为正文第三段（不计小标题）设置 1.5 磅褐色带阴影边框，填充浅绿色底纹。

（7）将正文最后一段分为等宽两栏，加分隔线。

（8）参考样张，在正文适当位置插入图片"大气污染.jpg"，设置图片高度为 4 cm，宽度为 6 cm，环绕方式为四周型。

实验 3

调入素材文件夹中的 ED-3.RTF 文件，请参照样张"样张-3.pdf"，按下列要求完成 Word 操作练习。完成后将文件保存在之前建好的作业文件夹中。

（1）将页面设置为：A4 纸，上、下、左、右页边距均为 4 cm，每页 38 行，每行 36 个字符。

（2）参考样张，在文章标题位置插入艺术字"芹菜降压有道理"，采用第四行第三列式样，形状为"桥形"，设置艺术字字体格式为隶书、44 号字，环绕方式为上下型，居中显示。

（3）设置正文为 1.5 倍行距，并给页面加绿色 3 磅三维边框。

（4）设置正文第二段首字下沉 2 行，距正文 0.2 cm，首字字体为楷体、红色，其余各段落设置为首行缩进 2 字符。

（5）将正文中所有的"血压"设置为绿色、加粗、"七彩霓虹"的文字动态效果。

（6）参考样张，在正文第五段适当位置插入图片"芹菜.jpg"，图片高度、宽度缩放比例均为 80%，环绕方式为四周型。

（7）设置奇数页页眉为"降压"，偶数页页眉为"芹菜素"。

（8）参考样张，在正文第三段末尾插入编号格式为"①，②，③…"的脚注，内容为"摘自《中华医药》"。

实验 4

调入素材文件夹中的 ED-4.RTF 文件，请参照样张"样张-4.pdf"，按下列要求完成 Word 操作练习。完成后将文件保存在之前建好的作业文件夹中。

（1）将页面设置为：A4 纸，上、下页边距为 3 cm，左、右页边距为 2.5 cm，每页 42 行，每行 40 个字符。

（2）参考样张，给文章加标题"浅谈我国的野生食用菌"，设置其格式为华文彩云、二号字、加粗、蓝色、居中对齐，字符缩放 120%。

（3）设置正文为 1.5 倍行距，第一段首字下沉 2 行，首字字体为黑体，其余各段首行缩进 2 字符。

（4）参考样张，给正文所有小标题文字加上 1.5 磅带阴影的绿色边框，填充浅黄色底纹。

（5）设置奇数页页眉为"传统菌类"，偶数页页眉为"野生食用菌"，所有页的页脚为自动图文集"第 X 页 共 Y 页"，均居中显示。

（6）参考样张，在正文适当位置插入艺术字"保健食品"，采用第三行第一列式样，设置其字体格式为隶书、48 号字，环绕方式为紧密型。

（7）将正文中所有"野生食用菌"设置为幼圆、加粗、红色、"礼花绽放"的文字动态效果。

（8）参考样张，在正文适当位置以四周型环绕方式插入图片"几种野生菌.jpg"，设置图片高度为 3cm，宽度为 5cm，并为图片加绿色 1.5 磅边框线。

实验 5

使用"空白文档"模板建立一个 Word 文档文件，文件名为："ED-5.docx"，请参照样张"样张-5.pdf"，按下列要求完成 Word 操作练习。完成后将文件保存在之前建好的作业文件夹中。

（1）将文本文件"ed3.txt"中的内容全部复制到"ED-5.docx"中。

（2）将页面设置为：A4 纸，上、下、左、右页边距均为 3 cm，每页 40 行，每行 42 个字。

（3）在文章标题下插入一条水平线，颜色为红色，2.25 磅，线型为"划线-点"型。

（4）将正文中所有"徐志摩"的字体由默认字体设置为桔黄色，加粗，加着重号。

（5）将文章的标题"徐志摩名作欣赏"字体设置为标题 1，居中对齐；将"1.徐志摩生平简介"，"2.徐志摩的诗"，"3.徐志摩的散文"，"4.徐志摩的和数学"，"5.徐志摩生平简单小结"设置为标题 2，左对齐；将"2.1 一些代表作列表"，"2.2 作品欣赏"设置为标题 3，左对齐。

（6）给文档首页添加页眉"徐志摩"，其他页添加页眉"作品欣赏"，字体为默认，居中显示。

（7）给文档添加页码，位于页面底端，右侧对齐，首页不显示页码。

（8）设置第一个段落"徐志摩（1897～1931）现代诗人..."为悬挂缩进，度量值为 4 个字符。

（9）设置第二个段落"1921 年开始创作新诗..."为首行缩进，度量值为 2 个字符；间距为段前段后各 0.5 行；给整个段落加上黄色，0.75 磅的方框型边框。

（10）将 2.1 中列出的 4 个代表作使用表格列出，表格为 5 行 4 列，标题为第一行，字体为黑体，加粗，居中对齐；代表作为默认字体，左对齐；整个表格的边框为蓝色，0.75 磅，底纹为淡蓝色填充。

（11）将 2.2 中的作品"我有一个恋爱"做成如样张一样的效果，标题"我有一个恋爱"使用华文仿宋，三号，加粗字体，居中对齐；前两个小节使用一个横排文本框，文本框位于页面左边，后两个小节使用一个竖排文本框，位于页面右边；两个文本框均为无线条颜色，版式为浮于文字上方；在横排文本框的右边插入一幅剪贴画；版式为四周型，右对齐；在竖排文本框的左边插入图片"Water lilies.jpg"；将图片大小调整为高度 4.5 cm，宽度 5.9 cm，版式为紧密型，左对齐。

（12）将第 3 部分"徐志摩的散文"中的段落设置为首字下沉，下沉行数为 3 行，将整个段落设置为分两栏，栏宽相等，不加分割线，将标题"我所知道的康桥"转换为艺术字，字体为隶书，36 号，加粗，艺术字形状为桥型，颜色为淡紫色，插入到段落中间，版式为紧密型。

（13）在第 4 部分"徐志摩和数学"中输入样张中所示的公式。

（14）在第 5 部分"徐志摩生平简单小结"中输入样张中所示的框图，将框图的各个元素组合为一个整体。

★实验 6

在素材文件夹下打开文档 WORD.docx，按照要求完成下列操作并以该文件名（ED-6.docx）保存文档，按下列要求完成 Word 操作练习。完成后将文件保存在之前建好的作业文件夹中。

某高校为了使学生更好地进行职场定位和职业准备，提高就业能力，该校学工处将于 2015 年 5 月 22 日（星期五）19:30—21:30 在校国际会议中心举办题为"领慧讲堂--大学生人生规划"

就业讲座，特别邀请资深媒体人、著名艺术评论家赵蕈先生担任演讲嘉宾。

请根据上述活动的描述，利用 Microsoft Word 制作一份宣传海报（宣传海报的参考样式请参考"Word-海报参考样式.docx"文件），要求如下：

（1）调整文档版面，要求页面高度 35 cm，页面宽度 27 cm，页边距（上、下）为 5 cm，页边距（左、右）为 3 cm，并将素材文件夹下的图片"Word-海报背景图片.jpg"设置为海报背景。

（2）根据"Word-海报参考样式.docx"文件，调整海报内容文字的字号、字体和颜色。

（3）根据页面布局需要，调整海报内容中"报告题目"、"报告人"、"报告日期"、"报告时间"、"报告地点"信息的段落间距。

（4）在"报告人:"位置后面输入报告人姓名（赵蕈）。

（5）在"主办：校学工处"位置后另起一页，并设置第 2 页的页面纸张大小为 A4 篇幅，纸张方向设置为"横向"。

（6）在新页面的"日程安排"段落下面，复制本次活动的日程安排表（请参考"Word-活动日程安排.xlsx"文件），要求表格内容引用 Excel 文件中的内容，如若 Excel 文件中的内容发生变化，Word 文档中的日程安排信息随之发生变化。

（7）在新页面的"报名流程"段落下面，利用 SmartArt，制作本次活动的报名流程（学工处报名、确认坐席、领取资料、领取门票）。

（8）设置"报告人介绍"段落下面的文字排版布局为参考示例文件中所示的样式。

（9）更换报告人照片为素材文件夹下的 Pic 2.jpg 照片，将该照片调整到适当位置，并不要遮挡文档中的文字内容。

（10）保存本次活动的宣传海报设计为"ED-6.docx"。

★实验 7

在素材文件夹下打开文档 Word.docx，按照要求完成下列操作并以该文件名（ED-7.docx）保存文档，按下列要求完成 Word 操作练习。完成后将文件保存在之前建好的作业文件夹中。

某高校学生会计划举办一场"大学生网络创业交流会"的活动，拟邀请部分专家和老师给在校学生进行演讲。因此，校学生会外联部需制作一批邀请函，并分别递送给相关的专家和老师。

请按如下要求，完成邀请函的制作：

（1）调整文档版面，要求页面高度 18 cm、宽度 30 cm，页边距（上、下）为 2 cm，页边距（左、右）为 3 cm。

（2）将考生文件夹下的图片"背景图片.jpg"设置为邀请函背景。

（3）根据"Word-邀请函参考样式.docx"文件，调整邀请函中内容文字的字体、字号和颜色。

（4）调整邀请函中内容文字段落对齐方式。

（5）根据页面布局需要，调整邀请函中"大学生网络创业交流会"和"邀请函"两个段落的间距。

（6）在"尊敬的"和"（老师）"文字之间，插入拟邀请的专家和老师姓名，拟邀请的专家和老师姓名在素材文件夹下的"通讯录.xlsx"文件中。每页邀请函中只能包含 1 位专家或老师的姓名，所有的邀请函页面请另外保存在一个名为"Word-邀请函.docx"文件中。

（7）邀请函文档制作完成后，请保存"ED-7.docx"文件。

实验六　Excel 2010 基本操作

一、实验目的

（1）掌握 Excel 文档的创建、打开、保存，数据文件的导入；

（2）掌握电子表格编辑：数据输入、填充柄的使用；

（3）掌握单元格的简单编辑，单元格格式的设置；

（4）掌握公式应用：公式的使用，相对地址、绝对地址的使用，常用函数的使用；

二、实验要点简述

1. Excel 文档的创建、启动、保存、退出

1）Excel 文档的创建与启动

启动或创建 Excel 2010 文档的常用方法有四种：

方法一：单击"开始"→"所有程序"→"Microsoft Office"菜单→"Microsoft Excel 2010"选项，启动 Excel 2010，打开 Excel 窗口，同时系统自动建立并打开一个新工作簿"工作簿 1"，其中包含三个工作表：Sheet1、Sheet2、Sheet3。

方法二：通过双击桌面的 Excel 快捷方式启动，启动 Excel 2010，同样系统也会自动建立并打开一个新工作簿"工作簿 1"。

方法三：双击已有的 Excel 文件，启动 Excel 2010，同时打开该工作簿。

方法四：启动 Excel 2010 后，选择"文件"选项卡，在左侧窗格中单击"新建"命令，进入如图 6-1 所示界面，在"可用模板"列表中选择"空白工作簿"选项，单击"创建"按钮完成新建工作簿的过程。

2）Excel 文档的保存

当编辑完 Excel 电子表格之后，要将文档保存在磁盘上，以便下次使用。保存 Excel 2010 文档的常用方法有两种：

方法一：选择"文件"选项卡，在左侧窗格中单击"保存"命令，或单击快速访问工具栏中的"保存"按钮🖫，或直接按【Ctrl+S】组合键。

当对新建的文档进行第一次"保存"操作时，此时的"保存"命令相当于"另存为……"。

方法二：出现"另存为"对话框，在"保存位置"列表框中选定所要保存文档的文件夹，选择保存类型为"Excel 工作簿（*.xlsx）"，"文件名"列表框中输入具体的文件名，单击"保存"按钮，执行保存操作。

文档保存后，该文档窗口并没有关闭，用户可以继续输入或编辑该文档。

3）Excel 文档的退出

编辑完成后，可以退出 Excel 文档。退出 Excel 2010 的常用方法有三种：

图 6-1 "文件"选项卡

方法一：单击启动窗口右上角的"关闭"按钮。

方法二：双击启动窗口左上角的控制菜单图标。

方法三：选择"文件"选项卡，在左侧窗格中单击"退出"命令。

2．Excel 2010 工作界面简介

启动 Excel 2010 后，用户所看到的就是 Excel 2010 的工作界面，所有的操作都是在这个界面内进行的。Excel 2010 工作界面与 Word 2010 相似，包括快速访问工具栏、标题栏、选项卡、功能区、编辑栏、工作区和状态栏等部分组成，如图 6-2 所示。

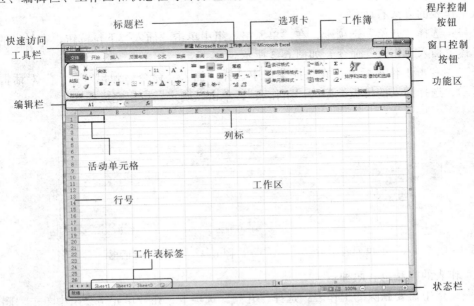

图 6-2 Excel 2010 工作界面

3．工作簿、工作表以及单元格

1）工作簿

使用 Excel 创建的文件称为工作簿，它主要用来存放和管理表格数据。在启动 Excel 时系统会自动新建一个工作簿，默认名为"工作簿 1.xlsx"。默认状态下一个工作簿包含 3 张工作表，名称分别是 Sheet1、Sheet2、Sheet3，根据需要可以向工作簿添加工作表，最多 255 个工作表。

2）工作表

Excel 工作簿中包含的每张表格称为工作表。工作表是一张二维表，可有 1 048 576 行，16 384 列。行号用数字表示：1～1 048 576；列标用英文字母表示：A，B，C，…，Y，AA，AB，…，AY，BA，BB，…，ZZ，XAA，XAB，…，XFD。新建工作表默认名为 Sheetn（n 为某个正整数），用户可以按需要重新命名工作表。

3）单元格

列和行交汇的矩形格子称为单元格。单元格是表格的最小单位。单元格的地址（名称）由所在列的标号和所在行的行号组成。例如：A1 表示第一列和第一行交汇的单元格。被选定的单元格称为活动单元格或称为当前单元格，它的名称显示在名称框中。

可对单元格进行的操作有：输入数据、设置格式和插入批注。

工作簿、工作表和单元格三者关系如图 6-2 所示。

4．工作表的操作

在 Excel 中，一个工作簿中可以包含多个工作表。可以根据实际需要随时插入、删除、移动或复制工作表，还可以对工作表进行重新命名等操作。

1）选择工作表

选择工作表的方法是：在工作表标签位置，如图 6-2 所示，单击选定需要编辑的工作表标签即可，按住【Shift】键可选择连续的多张工作表，按住【Ctrl】键可跳选多张不连续的工作表。

2）插入或删除工作表

插入工作表的方法有两种：

方法一：选择"开始"选项卡，在"单元格"组中单击"插入"下拉按钮，在弹出的下拉列表中选择"插入工作表"命令，如图 6-3 所示。

方法二：右击工作表标签，在快捷菜单中选择"插入"命令，弹出"插入"对话框，如图 6-4 所示，选择插入的模板类型为"工作表"，单击"确定"按钮完成插入。

图 6-3　"插入"下拉列表

图 6-4　"插入"对话框

删除工作表的方法也有两种：

方法一：选中需要删除的工作表，选择"开始"选项卡，在"单元格"组中单击"删除"下拉按钮，在弹出的下拉列表中单击"删除工作表"命令。

方法二：右击需要删除的工作表标签，在快捷菜单中选择"删除"命令即可。

3）移动或复制工作表

移动工作表的方法有两种：

方法一：选中需移动的工作表标签，按住鼠标左键拖动至目标位置即可，可在一个工作簿中移动，也可移动至不同工作簿中，要求工作簿都为打开状态。

方法二：右击需要移的工作表标签，在快捷菜单中选择"移动或复制"命令，弹出"移动或复制工作表"对话框，如图 6-5 所示，在对话框中根据提示选择目标工作簿以及在工作簿中的目标位置，单击"确定"按钮完成移动。

复制工作表的方法也有两种：

方法一：选中需复制的工作表标签，按住【Ctrl】键的同时按住鼠标左键拖动至目标位置即可，复制工作表与移动工作表相似，可在一个工作簿中复制，也可复制至不同工作簿中，要求工作簿都为打开状态。复制后原工作表将在原位置中不变，目标位置生成该工作表副本。

图 6-5 "移动或复制工作表"对话框

方法二：右击需要复制的工作表标签，在快捷菜单中选择"移动或复制"命令，弹出"移动或复制工作表"对话框，如图 6-5 所示，在对话框中根据提示选择目标工作簿以及在工作簿中的目标位置，勾选"建立副本"复选框，单击"确定"按钮完成复制。

4）重命名工作表

重命名工作表的方法有两种：

方法一：选中需重命名的工作表标签，双击该标签进入标签编辑状态，输入新的工作表名称。

方法二：右击需要重命名的工作表标签→在快捷菜单中选择"重命名"命令→进入标签编辑状态→输入新的工作表名称。

5．单元格的操作

1）选定单元格

大部分选定与 Word 中的表格一样。

（1）选定整个工作表：单击工作表的行标号与列标号交汇处的一个按钮，则选定整个工作表，如图 6-6 所示。

（2）选定行或列：单击某行标号，则选定这一行。单击某个列标号，则选定这一列。

（3）选定单元格：单击或双击某个单元格，则选定该单元格

（4）选定一块连续的单元格区域：选中单元格，按住鼠标左键，向左（或向右、或沿对角线）拖动鼠标。也可先选定区域左上角（或右上角）单元格，按住【Shift】键，鼠标左键单击区域右下角（或左下角）单元格。

（5）选定不连续区域单元格：按住【Ctrl】键，

图 6-6 选定整个工作表按钮

鼠标分别单击要选择的单元格。

2）单元格的插入、删除与清除

（1）插入单元格

Excel 中可在活动单元格的上方和左侧插入空白单元格，插入单元格的方法是：选中要插入空白单元格的单元格格区域→"开始"选项卡，在"单元格"组中单击"插入"下拉按钮，在弹出的下拉列表中单击"插入单元格"命令，弹出"插入"对话框，如图 6-7 所示，在对话框中选择插入空白单元格的位置，也可以选择插入整行或整列空白单元格。

（2）删除单元格

Excel 中删除单元格的方法有多种，最常见的方法是：选中要删除的单元格区域→"开始"选项卡，在"单元格"组中单击"删除"下拉按钮，在弹出的下拉列表中单击"删除单元格"命令，弹出"删除"对话框，如图 6-8 所示，在对话框中选择删除单元格的位置，也可以删除整行或删除整列单元格。

（3）清除单元格

清除单元格操作包括删除单元格的内容（数据或公式）、格式（包括数字格式、条件格式和边框格式）以及附加的批注等内容。清除单元格的方法是：选中要清除的单元格区域→"开始"选项卡，在"编辑"组中单击"清除"下拉按钮，在弹出的下拉列表中选择相应的清除命令，如图 6-9 所示，可清除单元格中全部内容，也可选择只清除单元的格式、内容、批注和超级链接中的一项。

图 6-7 "插入"对话框　　　　图 6-8 "删除"对话框　　　　图 6-9 "清除"下拉列表

3）文字和数据的输入特点

选定要输入的单元格，即单击某个单元格，就可以向该单元格输入数据。也可以双击单元格，光标出现在这个单元格中，该单元格成为活动的单元格，可向其中输入数据。

"编辑栏"显示活动单元格中的内容，位置如图 6-2 所示。选定单元格后，可以从编辑栏中输入数据到活动单元格。

输入数值型数据时，若数据的长度超过单元格宽度时，Excel 将自动使用科学计数法来表示输入的数据，例如在单元格输入 123456789，则显示为 1.2E+09。输入的数值型数据靠右对齐。

如果是输入文字，系统会自动识别为"字符"型，并将其靠左对齐。

如果要输入由纯数字组成的字符串，例如学号、电话、邮编等，需要在输入的数字前加一个英文输入法状态的单撇号（'），例如'210096001 就是一个字符串，或选中"开始"选项卡，在"单元格"组中单击"格式"下拉按钮，在弹出的下拉列表中单击"设置单元格格式"命令→弹出"设置单元格格式"对话框→"数字"选项卡→"分类"→选择"文本"，单击"确定"按钮，如图 6-10 所示。将单元格定义为字符型，输入的数字就自动转换成字符型数据。

4）数据类型

Excel 的数据类型有：数值型、文本型、日期型和时间型等。

数值型数据可以直接输入，不必指明格式，数值在单元格中默认是右对齐。文本型数据就是字符串，文本在单元格中默认是左对齐。

在输入数据时有时需要指明数据的格式。

设置单元格的数据格式方法是：选定单元格（或区域），选择"开始"选项卡，在"单元格"组中单击"格式"下拉按钮，在弹出的下拉列表中单击"设置单元格格式"命令，弹出"单元格格式"对话框→"数字"选项卡，在"分类"列表中选定格式。

例如：需要将单元格内数字表示为百分比形式，并保留 2 位小数，则在"分类"列表中，选择"百分比"，在右边的"小数位数"列表中选择"2"，单击"确定"按钮，数字的样式就设置好了，如图 6-11 所示。

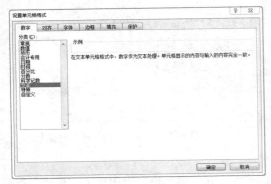
图 6-10 设置"文本"格式

图 6-11 设置百分比格式

5）自动填充功能

单元格的内容可以通过键盘直接输入，也可以用已有单元格（称为源单元格）的内容进行复制。除了传统的复制粘贴的方法外，Excel 提供了自动填充功能，即根据某单元格的内容将有规律的数据自动填充到与它相邻的单元格中。例如：某单元格内容是"一月"，通过填充方法使相邻单元格的内容为"二月"、"三月"等。

填充柄：选中的单元格或区域右下角有一个黑点，如图 6-12 所示，称这个黑点为填充柄。

复制和填充的步骤是：单击复制内容所在的单元格，鼠标指针移到该单元格的填充柄处，鼠标指针变为实心的十字形，按鼠标左键移动，覆盖所要填充的所有单元格，松开鼠标左键完成填充。

图 6-12 填充柄

填充规律：

（1）当原始数据是数字时，按鼠标左键拖动，填充相同值；若按【Ctrl】键 + 按鼠标左键向下（向右）拖动，填充时，数字递增，向上（向左）拖动，填充时，数字递减。

（2）当原始数据是字符和数字混合的字符串时，填充时字符不变，数字递增，或递减。

（3）当原始数据是有规律变化的字符（例如 A、B、C、……，甲、乙、丙……），并且该字符序列已在"自定义序列"中定义了，按鼠标左键向下（向右）拖动，填充时，则按该序列中的字符顺序变化。若按【Ctrl】键 + 按鼠标左键拖动，则复制相同内容。

自定义填充序列：Excel 可以增加自己需要的特殊的序列用来自动填充。方法是：选择"文件"选项卡，在左侧窗格中单击"选项"命令，弹出"Excel 选项"对话框，在该对话框的左侧窗格中选择"高级"选项，将右侧窗格中的滚动条向下滚动直到显示"常规"栏为止，如图 6-13 所示，单击"编辑自定义列表"按钮，弹出"自定义序列"对话框，在"输入序列"文本框中自定义新序列，单击"添加"按钮，如图 6-14 所示为添加新序列"红橙黄绿青蓝紫"，单击"确定"完成。

图 6-13 "Excel 选项"对话框   图 6-14 "自定义序列"对话框

6）单元格的对齐与合并

单元格的对齐：选中单元格，选择"开始"选项卡，在"单元格"组中单击"格式"下拉按钮，在弹出的下拉列表中选择"设置单元格格式"命令，弹出"设置单元格格式"对话框→"对齐"选项卡，在"文本对齐方式"选项区域内可设置数据在单元格中水平和垂直两个方向的对齐方式，单击"确定"按钮，如图 6-15 所示。

合并单元格：选定要合并的单元格，选择"开始"选项卡→"单元格"组→单击"格式"下拉列表，选择"设置单元格格式"命令，弹出"设置单元格格式"对话框→"对齐"选项卡，在"文本控制"区勾选"合并单元格"复选框，单击"确定"按钮，如图 6-15 所示。

图 6-15 "对齐"选项卡

7）设置字体格式、边框、图案等

这一部分与 Word 的表格相似，在此不再重复。

方法是：选定需设置的单元格，选择"开始"选项卡，在"单元格"组中单击"格式"下拉按钮，在弹出的下拉列表中选择"设置单元格格式"命令，弹出"设置单元格格式"对话框，在对话框中根据需要选择"字体"、"边框"或"图案"选项卡，在相应的选项中进行格式设置，单击"确定"按钮即可。

8）设置条件格式

条件格式即在设置该格式的单元格区域中，将符合条件的单元格数据以相应的格式显示，不符合条件的保持原来的格式，其中条件和对应的格式均可根据需要设定。

设置条件格式的方法：选中需要设置条件格式的单元格区域，在"开始"选项卡中"样式"组中单击"条件格式"下拉按钮，在弹出的下拉列表中选择相应的命令，在弹出的列表框中选择相应规则，在弹出的对话框中设置条件和格式，如图 6-16 所示。

图 6-16　"条件格式"下拉列表（左）及条件对话框（右）

6. 公式应用

Excel 使用公式和函数对输入的原始数据进行计算时。

1）简单计算

在存放计算结果的单元格中，输入"="号，后面输入计算公式。计算公式就是用运算符将常数、引用单元格和函数连接起来的算式，通常称为表达式。如图 6-17 所示，需要求出陈纯的总分，选中要存放陈纯总分的单元格 G3，输入"="及计算式子"C3+D3+E3+F3"，按【Enter】键，计算出陈纯的语文、数学、英语和综合的总成绩。

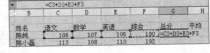

图 6-17　简单公式输入

Excel 的四种类型运算符：

算术运算符：按运算优先级排列，-（负号）、%（百分比）、^（乘幂）、*和/（乘和除）、+和-（加和减）。算术运算符完成基本的数学运算，产生数字结果。

关系运算符：=（等于）、<=（小于等于）、>=（大于等于）、<（小于）、>（大于）、<>（不等于）。关系运算符无优先级之分，完成两个值的大小比较。关系运算结果是，条件满足为 True（真），不满足为 False（假）。

文本运算符：&，将两个文本（字符串）连接起来。

引用运算符分为两种：

① 区域运算符：冒号"："，对包括两个引用在内的所有单元格进行引用。

例如，B2：B7 区域是引用 B2、B3、B4、B5、B6、B7 等 6 个单元格

② 联合运算符：逗号"，"，表示将多个引用合并成一个整体来引用。

例如 SUM（A2:A4，B5，E6:E7）是对 A2、A3、A4、B5、E5、E6、E7 共 7 个单元格进行求和的运算。

2）利用公式计算

在 Excel 中可以根据计算的需要创建公式。

（1）输入公式的时候，要以一个等号"＝"开头，这是输入公式与输入其他数据的区别。

（2）公式中的算术运算同我们平时的运算一样，"从左到右"进行运算的，先乘方再乘除后加减，可通过括号来改变运算的顺序。例如：公式"＝A1+B2/100"和"=(A1+B2)/100"结果是不同的。

（3）在一个包含算术运算和关系运算的表达式中，算术运算优先级高于关系运算。例如：A1+B1>C1+D1，先计算 A1+B1 的和，再计算 C1+D1 的和，最后比较两个和的大小。

3）编辑公式

公式和一般的数据一样，可以进行复制和粘贴。右击含有公式的源单元格，在弹出的快捷菜单中选择"复制"命令，右击目标单元格，在弹出的快捷菜单中选择"粘贴"命令，即可把源单元格中公式以及格式复制到目标单元格中。若源单元格公式引用的单元格地址是全绝对地址（绝对列绝对行，例如$B$4），则将公式原样复制到目标单元格内，计算结果也相同；若源单元格公式引用的单元格地址是相对地址，则要根据包含公式的源单元格位置和目标单元格的位置计算出单元格地址的变化，被复制公式中引用的单元格地址的行号和列标会进行自动调整。

4）自动填充式计算

Excel 的公式也可以自动填充计算。把鼠标指针移到包含公式的源单元格的右下角的填充柄，鼠标指针变成黑色的十字时按下左键拖动，松开左键，Excel 则将源单元格中的公式就自动填充到目标区域的单元格中，并计算出结果。

5）相对引用、绝对引用和混合引用

Excel 对单元格的引用分为三种：

（1）相对引用

在公式中，直接写出单元格地址的是相对引用。当把公式复制到其他单元格时，公式中引用单元格的列标号和行标号会根据目标单元格所在的位置进行调整。如图 6-17 中编辑栏所示的"C3+D3+E3+F3"。

（2）绝对引用

在公式中，引用单元格的列号和行号前面都加$符号，就是绝对引用。当把公式复制到其他单元格时，公式中引用单元格的列号和行号都保持不变。如图 6-18 中编辑栏所示的"$F$1"，称为绝对地址。

（3）混合引用

在公式中，引用单元格的列号和行号只有一个前面加$符号，另一个没有$符号，就是混合引用。当把公式复制到其他单元格时，加了$符号的列号或行号保持不变，不加$符号的行号或列号会发生变化。

例：相对引用和绝对引用

要计算饮料销售表中的"利润"，计算方法是用某种饮料的销售额 × "利润率"；不同饮料的销售额不同，但"利润率"是统一的。所以对存放销售额的单元格的引用是相对引用，对存放"利润率"的单元格 F1 的引用就是一个绝对引用。如图 6-18 所示，计算可乐利润的公式是"＝E3 * $F$1"，计算雪碧利润的公式是"＝E4 * $F$1"，计算美年达利润公式是"＝E5 * $F$1"。

6）常用函数

（1）求和函数：SUM（引用单元格范围）

例如 SUM（E2:E4,E6）表示对单元格 E2、E3、E4 和 E6 的数据求和。

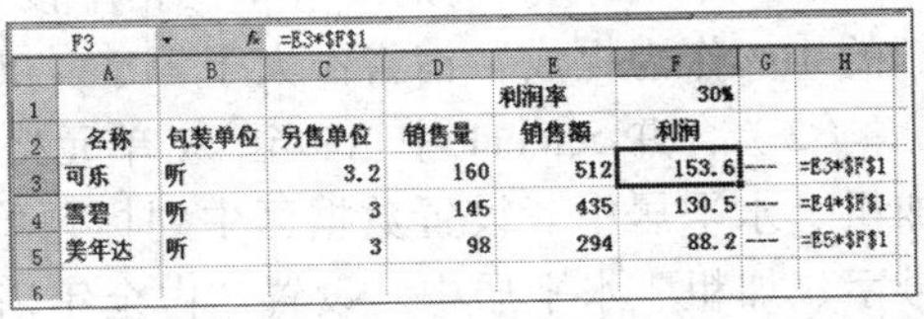

F3 =E3*$F$1

	A	B	C	D	E	F	G	H
1					利润率	30%		
2	名称	包装单位	另售单位	销售量	销售额	利润		
3	可乐	听	3.2	160	512	153.6	---	=E3*$F$1
4	雪碧	听	3	145	435	130.5	---	=E4*$F$1
5	美年达	听	3	98	294	88.2	---	=E5*$F$1
6								

图 6-18 饮料销售表

（2）求平均值函数：AVERAGE（引用单元格范围）。

（3）求最大值函数 MAX（引用单元格范围）。

（4）求最小值函数 MIN（引用单元格范围）。

Excel 提供了许多类函数，每一类又包含若干个函数。

用户要在某个单元格中使用函数时，选定单元格→单击“公式”选项卡→在“函数库”组中单击与函数类型相对应的按钮。

三、实验内容

在 D 盘的根目录下新建一个以本人学号和姓名为文件名的作业文件夹，文件夹名称例如：“2010030100001 张三”，下称这个文件夹为作业文件夹，完成以下内容：

1．Ex1_1.xlsx

新建一个 Excel 工作簿文件，文件名为“Ex1_1.xlsx”，并存于作业文件夹下。按照下列要求制作 Excel 工作簿：

（1）将“附录一.doc”中的表格数据复制到所建工作簿文件的工作表 Sheet1 中，从第一行第一列开始存放，并将工作表改名为“单科成绩表”。

（2）打开“附录二.txt”，将其中的表格数据导入到所建工作簿文件的工作表 Sheet2 中，从第一行第一列开始存放，并将工作表改名为“文字输入统计”。

（3）在“单科成绩表”中的“姓名”之前插入一新列，输入列标题“考生编号”，并为所有学生添加考号（提示：第一个学生输入 09001，后面用填充柄自动填充后续记录的编号）。

（4）在“单科成绩表”的表格上方插入一新行，并将单元格 A1:F1 作合并单元格处理，在该行输入标题“单科成绩表”并使其水平居中，字体格式为宋体、20 号、蓝色，表格中的其他文字格式为楷体、12 号、黑色。

（5）在“单科成绩表”中设置表格区域 A3:F17 内外边框线为红色最细单线。

（6）在“单科成绩表”中设置所有单元格数据的水平对齐方式和垂直对齐方式均为居中。

（7）复制工作表“单科成绩表”并将新复制出来的工作表更名为“备份”。

（8）在“文字输入统计”中，利用公式求出错字符数（出错字符数＝输入字符数×出错率）。

（9）在工作表“单科成绩表”中，设置表格区域 F3:F17 内所有的“成绩<60”字体颜色设置为红色。

2．Ex1_2.xlsx

新建一个空 Excel 文件，文件名为“Ex1_2.xlsx”。按照下列要求制作 Excel 工作簿：

（1）“附录三.rtf”文件中的表格及标题复制到工作表 Sheet1 中，从第一行第一列开始存放。在第一列左侧插入一新列，输入列标题“序号”，用序号（001，002，...）填充该列。

（2）在 Sheet1 工作表中用公式计算指定单元格中的数值（非公式计算无效）。

① “销售额”的“总计”单元格中计算全年销售额总和。

② 在“占全年销售额比例”列的所有单元格中计算每项销售额占全年销售额的百分比值。

③ 在"提成"列的所有单元格中按下列要求计算每项的提成：销售额小于 4 000 时用销售额的 10%作为提成，销售额大于等于 4 000 时用销售额的 15%作为提成。

（3）合并 Sheet1 中 A1 至 F1 单元格。设置表格标题的文字格式为：楷体、蓝色、20 号、加粗、水平居中。设置数据区中列标题单元格的填充色为蓝色，列标题文字为楷体、红色、14号字、加粗、水平居中。设置"占全年销售额比例"列的数据格式为：百分比、2 位小数位数。为数据区添加边框。表格中其他文字格式用缺省设置。

（4）将 Sheet1 改名为"统计"。

（5）复制工作表"统计"并将新复制出来的工作表更名为"提成排序"。

3．Ex1_3.xlsx

把"附录三.xlsx"保存到作业文件夹中并改名为"Ex1_3.xlsx"。按照下列要求制作 Excel 工作簿：

（1）在工作表"数据源"的 A3:A52 单元格中，分别填入各学生的学号：0740101001、0740101002、…、0740101050。

（2）计算工作表"成绩表"中的每位同学的总分（要求：使用函数公式计算）及平均分（要求：使用函数公式计算，并保留一位小数）。

（3）在工作表"统计表"中，根据"成绩表"的数据计算出该班每门课程的最高分、最低分及平均分（要求：均使用函数公式计算，其中平均分保留一位小数）；并计算出该班同学中总分的最高分、最低分及平均分（要求：均使用函数公式计算，其中平均分保留一位小数）。

（4）在同一工作簿中复制工作表"Sheet1"并将新复制的工作表更名为"备份"。新工作表的所有单元格数据均水平居中且垂直居中。

（5）在工作表"基本情况"中，设置表格区域 A2:F52 外框为蓝色最粗实线、内框为蓝色细实线，所有的"北京"字体颜色设置为黄色（提示：使用"条件格式"）。

四、实验步骤

在 D 盘的根目录下新建一个以本人学号和姓名为文件名的作业文件夹，文件夹名称例如："2010030100001 张三"，下称这个文件夹为作业文件夹，完成以下内容：

1．Ex1_1.xlsx

新建一个 Excel 工作簿文件，文件名为"Ex1_1.xlsx"，并存于作业文件夹下。按照下列要求制作 Excel 工作簿：

（1）将"附录一.doc"中的表格数据复制到所建工作簿文件的工作表 Sheet1 中，从第一行第一列开始存放，并将工作表改名为"单科成绩表"。

步骤 1：在 Word 中复制表格，在 Excel 中右击工作表 Sheet1 中开始存放表格的单元格（此处为 Sheet1 的第一行第一列即 A1 单元格），在快捷菜单中选择"粘贴"命令。

步骤 2：右击工作表"Sheet1"标签，在快捷菜单中选择"重命名"命令；或者双击"Sheet1"，当工作表标签变成如图 6-19 所示的可编辑状态时，输入新工作表名"单科成绩表"。

图 6-19　工作表标签可编辑状态

（2）打开"附录二.txt"，将其中的表格数据导入到所建工作簿文件的工作表 Sheet2 中，从第一行第一列开始存放，并将工作表改名为"文字输入统计"。

步骤 1：在 Excel 中单击对应工作表中的开始存放表格的单元格（此处为 Sheet2 的第一行第一列即 A1 单元格），选择"数据"选项卡→"获取外部数据"组，单击"自文本"命令，弹出"导入文本文件"对话框，打开文件夹"实验素材"，选择"附录二.txt"，如图 6-20 所示，单击"打开"按钮，弹出"文本导入向导"对话框；

步骤 2：在"文本导入向导-第 1 步，共 3 步"对话框中的原始数据类型区中选择"分隔符号"→"下一步"，如图 6-21 所示。

图 6-20 "导入文本文件"对话框　　图 6-21 "文本导入向导-第 1 步，共 3 步"对话框

步骤 3：在"文本导入向导-第 2 步，共 3 步"对话框中的"分隔符号"选择"逗号"→"下一步"，如图 6-22 所示，素材文本文件中的数据列与列之间是由"，"隔开，所以此处选择"逗号"。

步骤 4：在"文本导入向导-第 3 步，共 3 步"对话框的"数据预览"区域中选择第一列，在"列数据格式"中设置第一列格式为"文本"，否则将按"数字"格式显示，丢掉学号前三位"000"，如图 6-23 所示，单击"完成"按钮，弹出"导入数据"对话框，确定数据导入位置，如图 6-24 所示，单击"确定"按钮完成数据导入。

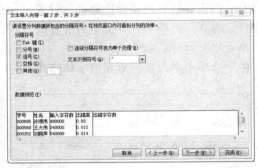
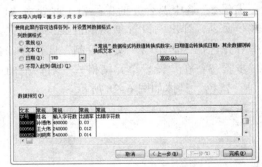

图 6-22 "文本导入向导-第 2 步，共 3 步"对话框 图 6-23 "文本导入向导-第 3 步，共 3 步"对话框

步骤 5：将工作表 Sheet2 重命名为"文字输入统计"。

（3）在"单科成绩表"中的"姓名"之前插入一新列，输入列标题"考生编号"，并为所有学生添加考号（提示：第一个学生输入 09001，后面用填充柄自动填充后续记录的编号）。

步骤 1：选中 A 列，在 A 列列标号处右击，在弹出的快捷菜单中选择"插入"命令，插入一个新列。

步骤 2：在"A1"单元格中输入列标题"考生编号"。

步骤 3：由于考号高位为零，因此输入前需要先将单元格设

置为文本格式才能确保高位的零不丢失，具体做法是：选定"A2"

单元格，选择"开始"选项卡，在"单元格"组中单击"格式"

下拉按钮，在弹出的下拉列表中单击"设置单元格格式"命令，

图 6-24 "导入数据"对话框

弹出"单元格格式"对话框，"数字"选项卡，在"分类"列表中选择"文本"，单击"确定"

按钮，如图 6-25 所示，在"A2"单元格中输入第一个学生的考号"09001"。

步骤 4：利用填充柄填充其余单元格，将光标定位在"A2"单元格右下角，当鼠标指针变

成十字形，按住鼠标左键向下拖动鼠标直到需要填充的最后一个单元格，松开鼠标即可，如

图 6-26 所示。

图 6-25 "数字"选项卡

图 6-26 填充柄

（4）在"单科成绩表"的表格上方插入一新行，并将单元格 A1:F1 作合并单元格处理，在

该行输入标题"单科成绩表"并使其水平居中，字体格式为宋体、20 号、蓝色，表格中的其他

文字格式为楷体、12 号、黑色。

步骤 1：在第一行前插入一新行，在"A1"单元格中输入标题"单科成绩表"。

步骤 2：选中要合并的单元格（此处为 A1 到 F1），右击，在快捷菜单中选择"设置单元格

格式"命令，弹出"设置单元格格式"对话框，选择"对齐"选项卡→"文本对齐方式"区，

水平对齐选择"居中"，"文本控制"区选择"合并单元格"，如图 6-27 所示。

步骤 3：在"设置单元格格式"对话框的"字体"选项卡中，设置单元格字体格式宋体、

20 号、蓝色，具体如图 6-28 所示。

图 6-27 "对齐"选项卡

图 6-28 "字体"选项卡

步骤 4：仿步骤 3 设置其他文字格式为楷体、12 号、黑色。

（5）在"单科成绩表"中设置表格区域 A3:F17 内外边框线为红色最细单线。

步骤：选中 A3:F17 单元格区域，右击，在快捷菜单中选择"设置单元格格式"命令，弹出"设置单元格格式"对话框，在"边框"选项卡中，设置单元格的边框格式，如图 6-29 所示。

注意：先选好线条的样式和颜色，然后再选边框的位置。

（6）在"单科成绩表"中设置所有单元格数据的水平对齐方式和垂直对齐方式均为居中。

步骤：选中要合并的单元格（此处为 A1 到 F17），右击，在快捷菜单中选择"设置单元格格式"命令，弹出"设置单元格格式"对话框，选择"对齐"选项卡→"文本对齐方式"区，水平对齐和垂直对齐方式均选择"居中"。

（7）复制工作表"单科成绩表"并将新复制出来的工作表更名为"备份"。

步骤：右击工作表"单科成绩表"标签，在弹出快捷菜单中选择"移动或复制工作表"命令，在弹出的"移动或复制工作表"对话框中，选中"单科成绩表"，勾选"建立副本"选项，单击"确定"按钮生成的"单科成绩表（2）"工作表，如图 6-30 所示，将"单科成绩表（2）"工作表重命名为"备份"。

图 6-29　"边框"选项卡

图 6-30　"移动或复制工作表"对话框

（8）在"文字输入统计"工作表中，利用公式求出错字符数（出错字符数＝输入字符数×出错率）。

步骤 1：将光标定位在"E2"单元格中，如图 6-31 所示，输入公式"= C2*D2"，按【Enter】键即可。

注意：C2 和 D2 不需要手工输入，通过单击选中对应的单元格实现其输入。

步骤 2：运用填充柄填充剩下来的 E3 到 E6 单元格。

（9）在工作表"单科成绩表"中，设置表格区域 F3:F17 内所有的"成绩<60"字体颜色设置为红色。

步骤：选中"成绩"列，选择"开始"选项卡，在"样式"组中单击"条件格式"下拉按钮，在弹出的下拉列表的"突出显示单元格规则"选项中选择"小于"命令，弹出"小于"对话框中，如图 6-32 所示，设置条件为"60"，在"设置为"下拉列表中选择"红色文本"，单击"确定"按钮。

2．Ex1_2.xlsx

新建一个空 Excel 文件，文件名为"Ex1_2.xlsx"。按照下列要求制作 Excel 工作簿：

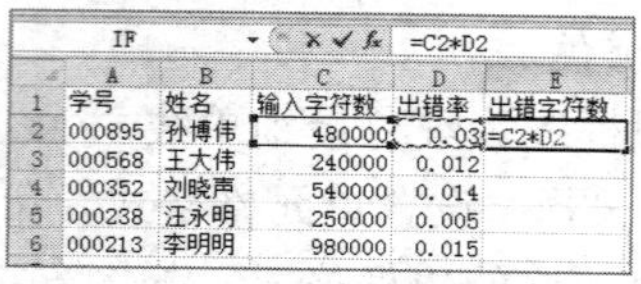

IF =C2*D2

	A	B	C	D	E
1	学号	姓名	输入字符数	出错率	出错字符数
2	000895	孙博伟	480000	0.03	=C2*D2
3	000568	王大伟	240000	0.012	
4	000352	刘晓声	540000	0.014	
5	000238	汪永明	250000	0.005	
6	000213	李明明	980000	0.015	

图 6-31 简单公式输入

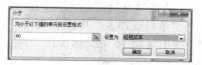

图 6-32 “小于”对话框

（1）“附录三.rtf”文件中的表格及标题复制到工作表 Sheet1 中，从第一行第一列开始存放。在第一列左侧插入一新列，输入列标题“序号”，用序号（001，002，…）填充该列。

（2）在 Sheet1 工作表中用公式计算指定单元格中的数值（非公式计算无效）。

① “销售额”的“总计”单元格中计算全年销售额总和。

步骤：先将光标定位在 D19 单元格，选择“公式”选项卡→“函数库”组，在“自动求和”下拉列表中选择“求和”函数，如图 6-33 所示。

② 在“占全年销售额比例”列的所有单元格中计算每项销售额占全年销售额的百分比值。

步骤 1：在 E3 单元格中输入公式“= D3/$D$19”（销售额/全年销售额），如图 6-34 所示，利用填充柄填充 E4:E18 单元格。

注意：以 E3 单元格为例，公式为“= D3/$D$19”，D3 是相对地址，利用填充柄填充的时候，会变化，如果在列方向上向下进行填充，会依次填充为 D4,D5…；而$D$19 是绝对地址，利用填充柄填充时，不会变化。

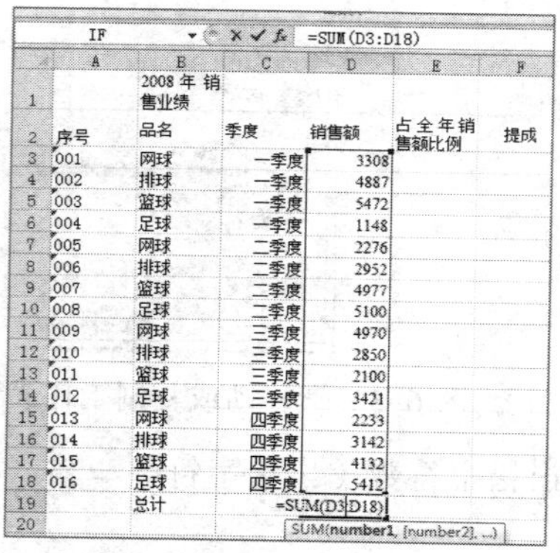

IF =SUM(D3:D18)

	A	B	C	D	E	F
1		2008 年 销售业绩				
2	序号	品名	季度	销售额	占全年销售额比例	提成
3	001	网球	一季度	3308		
4	002	排球	一季度	4887		
5	003	篮球	一季度	5472		
6	004	足球	一季度	1148		
7	005	网球	二季度	2276		
8	006	排球	二季度	2952		
9	007	篮球	二季度	4977		
10	008	足球	二季度	5100		
11	009	网球	三季度	4970		
12	010	排球	三季度	2850		
13	011	篮球	三季度	2100		
14	012	足球	三季度	3421		
15	013	网球	四季度	2233		
16	014	排球	四季度	3142		
17	015	篮球	四季度	4132		
18	016	足球	四季度	5412		
19		总计		=SUM(D3:D18)		
20				SUM(number1, [number2], ...)		

图 6-33 “求和”函数

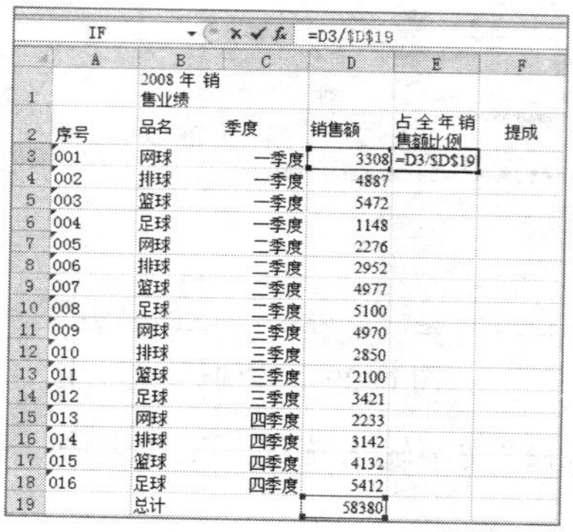

IF =D3/$D$19

	A	B	C	D	E	F
1		2008 年 销售业绩				
2	序号	品名	季度	销售额	占全年销售额比例	提成
3	001	网球	一季度	3308	=D3/$D$19	
4	002	排球	一季度	4887		
5	003	篮球	一季度	5472		
6	004	足球	一季度	1148		
7	005	网球	二季度	2276		
8	006	排球	二季度	2952		
9	007	篮球	二季度	4977		
10	008	足球	二季度	5100		
11	009	网球	三季度	4970		
12	010	排球	三季度	2850		
13	011	篮球	三季度	2100		
14	012	足球	三季度	3421		
15	013	网球	四季度	2233		
16	014	排球	四季度	3142		
17	015	篮球	四季度	4132		
18	016	足球	四季度	5412		
19		总计		58380		

图 6-34 绝对地址引用

步骤 2：设置 E4:E18 单元格格式为百分比。

③ 在“提成”列的所有单元格中按下列要求计算每项的提成：销售额小于 4 000 时用销售额的 10%作为提成，销售额大于等于 4 000 时用销售额的 15%作为提成。

步骤 1：先将光标定位在 F3 单元格，选择“公式”选项卡→“函数库”组，在“逻辑”下拉列表中选择“IF”函数，弹出“函数参数”对话框，如图 6-35 所示，单击“Logical_test”文本框右侧图标。

步骤 2：“函数参数”对话框变小，单击 D3 单元格，如图 6-36 所示。

步骤 3：“函数参数”对话框的文本框中继续输入<4 000 设定条件，并单击文本框右侧图标，如图 6-37 所示。

步骤 4：在“函数参数”对话框的“Value_if_true”和“Value_if_false”文本框中分别输入满足条件和不满足条件时输出的值，单击“确定”按钮即可，如图 6-38 所示。

步骤 5：利用填充柄填充 F4:F18 单元格。

图 6-35 "函数参数"对话框

图 6-36 "函数参数"的选择

图 6-37 参数条件输入

图 6-38 输入的参数

（3）合并 Sheet1 中 A1 至 F1 单元格。设置表格标题的文字格式为：楷体、蓝色、20 号、加粗、水平居中。设置数据区中列标题单元格的填充色为蓝色，列标题文字为楷体、红色、14号字、加粗、水平居中。设置"占全年销售额比例"列的数据格式为：百分比、2 位小数位数。为数据区添加边框。表格中其他文字格式用缺省设置。

（4）将 Sheet1 改名为"统计"。

（5）复制工作表"统计"并将新复制出来的工作表更名为"提成排序"。

3. Ex1_3.xlsx

把"附录四.xlsx"保存到作业文件夹中并改名为"Ex1_3.xlsx"。按照下列要求制作 Excel 工作簿：

（1）在工作表"数据源"的 A3:A52 单元格中，分别填入各学生的学号：0740101001、0740101002、…、0740101050。

步骤 1：由于学号高位为零，因此输入前需要先将单元格设置为文本格式才能确保高位的零不丢失。具体做法是：选定 A3 单元格，选择"开始"选项卡，在"单元格"组中单击"格式"下拉按钮，在弹出的下拉列表中单击"设置单元格格式"命令，弹出"单元格格式"对话框→"数字"选项卡，在"分类"列表中选择"文本"，单击"确定"按钮，在 A3 单元格中输入第一个学生学号"0740101001"。

步骤 2：利用填充柄填充其余单元格，将光标定位在 A3 单元格右下角，当鼠标指针变成十字形，按住鼠标左键向下拖动鼠标直到需要填充的最后一个单元格，松开鼠标即可，如图 6-39所示。

（2）计算工作表"成绩表"中的每位同学的总分（要求：使用函数公式计算）及平均分（要求：使用函数公式计算，并保留一位小数）。

步骤 1：求第一个同学的总分，先将光标定位在 G3 单元格，选择"公式"选项卡→"函数库"组，在"自动求和"下拉列表中选择"求和"函数；

图 6-39 填充柄

步骤 2：利用填充柄，填充其余同学的总分。

步骤 3：同步骤 1，利用"平均值"函数先求第一个同学的平均分，将光标定位在 H3 单元格，选择"公式"选项卡→"函数库"组，在"自动求和"下拉列表中选择"平均值"函数，参数选择"C3:F3"。

步骤 4：设置平均分保留一位小数具体做法是：选中对应单元格，选择"开始"选项卡，在"单元格"组中单击"格式"下拉按钮，在弹出的下拉列表中单击"设置单元格格式"命令，弹出"单元格格式"对话框→"数字"选项卡，在"分类"列表中选择"数值"，小数位数值设置为"1"，单击"确定"即可。

步骤 5：利用填充柄，填充其余同学的平均分。

（3）在工作表"统计表"中，根据"成绩表"的数据计算出该班每门课程的最高分、最低分及平均分（要求：均使用函数公式计算，其中平均分保留一位小数）；并计算出该班同学中总分的最高分、最低分及平均分（要求：均使用函数公式计算，其中平均分保留一位小数）。

步骤 1：利用"最大值"函数求语文成绩的最高分，将光标定位在 B3 单元格，选择"公式"选项卡→"函数库"组，在"自动求和"下拉列表中选择"最大值"函数，此时 B3 单元格中会出现求最大值的函数格式"= MAX()"，如图 6-40 所示，单击工作表"成绩表"标签，在"成绩表"中选定所有学生的语文成绩区域"C3:C52"，直接按【Enter】键，页面会自动跳转回"统计表"并且语文成绩的最大值也已求出，B3 单元格中的公式为"=MAX(成绩表!C3:C52)"。这里需要注意的是选择好参数后一定是按【Enter】键自动返回"统计表"，而不要用鼠标直接单击"统计表"标签返回。

图 6-40　最大值函数

步骤 2：利用填充柄填充出其他几项的最大值。

步骤 3：同步骤 1、2 求出最低分和平均分。

（4）在同一工作簿中复制工作表"Sheet1"并将新复制的工作表更名为"备份"。新工作表的所有单元格数据均水平居中且垂直居中。

（5）在工作表"基本情况"中，设置表格区域 A2:F52 外框为蓝色最粗实线、内框为蓝色细实线，所有的"北京"字体颜色设置为黄色（提示：使用"条件格式"）。

步骤 1：在工作表"基本情况"中，选中表格区域 A2:F52，右击选中的区域，弹出快捷菜单，选择"设置单元格格式"命令，在"设置单元格格式"对话框的"边框"选项卡中，设置边框颜色为"蓝色"，线条样式为"最细实线"，预置选择"内部"，此时就将内框设为蓝色细实线，同样的方式再将外框设为蓝色最粗实线，如图 6-41 所示。

步骤 2：选中籍贯这一列，选择"开始"选项卡，在"样式"组中单击"条件格式"下拉按钮，在弹出的下拉列表的"突出显示单元格规则"选项中选择"等于"命令，弹出"等于"对话框中，如图 6-42 所示，设置条件为"北京"，在"设置为"下拉列表设置自定义格式字体为"黄色"，单击"确定"按钮。

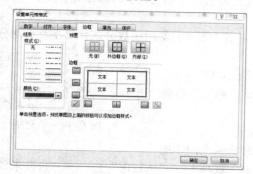

图 6-41　"边框"选项卡

图 6-42　"等于"对话框

实验七　Excel 2010 数据管理与分析

一、实验目的

（1）巩固 Excel 的基本操作；
（2）掌握数据列表处理：数据列表的编辑、排序、筛选、高级筛选及分类汇总；
（3）掌握图表创建、图表修改、图表移动和删除。

二、实验要点简述

1. 数据排序

排序是按某种规律组织数据的方法。在 Excel 的数据表中每个标题称为一个"字段"，每一行数据称为一条记录。排序是指按指定字段的值重新调整记录在数据表中的位置。这个指定的字段称为排序的关键字，字段可以按数值的大小、字母的顺序、时间的先后进行排序等。

1）单字段排序

列表仅按一个关键字段排序，其步骤是：光标定位在排序关键字段的任一个单元格中，选择"数据"选项卡，单击"排序和筛选"组中"降序"按钮（从大到小）或"升序"按钮（从小到大）进行排序，如图 7-1 所示，将字段"学号"按升序排列。

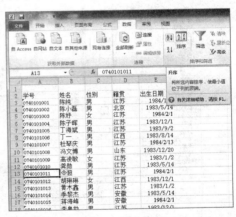

图 7-1　排序效果

2）多字段排序

多字段排序就是列表按照两个或三个关键字段排序。如果一个字段排序后有多个记录的排序字段出现相同的值，这些记录可以再按另一个字段排序，来决定这些记录排列顺序。第一个排序字段称为主要关键字，第二个排序字段称为次要关键字。

多字段排序必须通过"数据"选项卡"排序和筛选"组中的"排序"命令完成排序，方法是：将光标定位在列表有效数据区域内的任意单元格中，选择"数据"选项卡，单击"排序和筛选"组中的"排序"命令，弹出"排序"对话框，选定主要关键字（例如："性别"按降序排序），单击"添加条件"或"复制条件"按钮添加一个新的条件，并对该条件进行设置（例如："出生日期"按降序排序），单击"确定"按钮，如图 7-2 所示。

还可以在"排序"对话框中，单击"删除条件"按钮对已经添加的选定条件进行删除；也可以单击"选项"按钮，弹出"排序选项"对话框，设置排序的方向、方法、是否区分大小写等，如图 7-3 所示；还可以通过单击"次序"下拉列表中的"自定义序列"命令，根据自定义序列的规律对数据清单进行自定义排序操作。

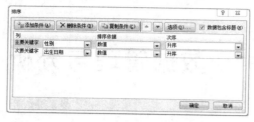

图 7-2 "排序"对话框

图 7-3 "排序选项"对话框

2. 数据筛选

数据筛选是指将工作表中符合给定条件的记录显示出来，不符合条件的的记录则隐藏起来，筛选实际就是快速查找符合条件的数据。Excel 提供了"自动筛选"和"高级筛选"两种筛选的方法。

1）自动筛选

自动筛选是简单的数据筛选，方法是：选中数据列表区域中任一单元格，选择"数据"选项卡，单击"排序和筛选"组中的"筛选"命令，数据列表的每一列的标题右边出现三角下拉按钮，单击要设置条件的列标题右边的三角下拉按钮，在弹出的下拉列表中选择筛选条件，如图 7-4 所示，或选择"数字筛选"菜单中的"自定义筛选"命令，弹出"自定义自动筛选方式"对话框，在对话框中设置筛选条件，如图 7-5 所示。

图 7-4 自动筛选

图 7-5 "自定义自动筛选方式"对话框

2）高级筛选

自动筛选中，多字段条件筛选时，各字段的条件是并的关系。例如在"成绩单"列表中筛选出各门成绩中有小于 70 分的同学名单，自动筛选就无能为力了，就必须通过"高级筛选"完成。

① 在数据列表外的任何位置建立一个条件区域，条件区域的第一行输入需要设置筛选条件的列标题，在列标题下输入筛选的条件。

② 如果多个筛选条件是"或"的关系，则条件设定在不同行，如果多个条件是"与"的关系则设定在同一行。

建立条件区域，如图 7-6（c）所示，选择"数据"选项卡，单击"排序和筛选"组中的"高

级"|高级|命令，弹出"高级筛选"对话框，如图7-6（b）所示，选定列表区域，选定条件区域，单击"确定"按钮。

选定条件区域方法："高级筛选"对话框中，单击"条件区域"文本框右边的 按钮，显示"高级筛选-条件区域："对话框，如图7-6（d）所示，鼠标选定条件区域，如图7-6（c）所示，条件区域引用地址自动填写到文本框中，单击文本框右边 按钮，返回"高级筛选"对话框中，单击"确定"按钮。

如果要在"成绩单"列表中筛选出有两门成绩都在90分以上的同学，则需要按如图7-7所示的设置条件。在同一行上的条件是"并"的关系，在不同行上的条件是"或"的关系。图7-7描述的关系是：英语 >=90 并且数学 >=90 或者 英语>=90 并且数字电路 >=90 或者 数学 >=90 并且数字电路 >=90。

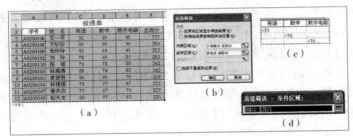

图7-6　高级筛选

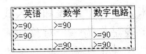

图7-7　高级筛选条件区域

3．分类汇总

1）分类汇总的概念

分类汇总操作可将数据清单中的数据按某一列进行分类，并同时实现按类统计和汇总。在分类汇总时，系统会自动创建相应的公式如求和、求平均值等对各类数据进行运算，并将运算结果以分组的形式显示出来。

做分类汇总需要明确以下三点：

① 分类字段：按哪个字段进行分类。

② 汇总项：对哪（几）个字段进行汇总。

③ 汇总方式：做什么样的汇总（平均、求和等）。

2）分类汇总的步骤

分类汇总的操作主要是先分类后汇总，体现在 Excel 中就是先排序后汇总。

① 将数据按分类字段排序。

② 确定分类字段。

③ 选定汇总项。

④ 选择汇总方式。

例如：在成绩表中，分别统计男女学生的各门课程的平均分。

第一步：将数据按分类字段"性别"排序。

第二步：将鼠标指针定位在数据列表中，选择"数据"选项卡，单击"分级显示"组中的"分类汇总" 按钮，弹出"分类汇总"对话框，如图7-8所示，选择"分类字段"（为性别）、"汇总方式"（为求平均值）、"选定汇总项"（为数学、物理、计算机和英语），单击"确定"按钮完成分类汇总。

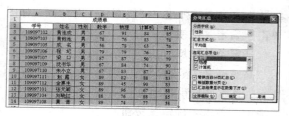

图 7-8　分类汇总

3）清除分类汇总

如果不再需要分类汇总结果或分类汇总操作出现问题，可以将其清除，回到数据清单原始状态后再进行后续操作。

清除分类汇总的方法是：将鼠标定位在数据列表中，选择"数据"选项卡，单击"分级显示"组中的"分类汇总" 分类汇总 按钮，弹出"分类汇总"对话框，如图 7-8 所示，单击对话框中"全部删除"按钮即可清除数据列表中的分类汇总操作。

4．数据图表

图表是 Excel 中常被用来表现数据关系的图形工具，用选定的单元格区域中的数据创建图表，使数据变化可以更直观的展示。Excel 2010 中大约包含有 11 种内置的图表类型，每种图表类型又有很多子类型，还可以通过自定义图表形式满足用户的各种需求。

Excel 2010 有两种方式建立图表：通过选项卡按钮创建和自动绘图。建立的图表按插入位置来分有独立图表和嵌入式图表两种。其中，独立图表是作为新工作表插入工作簿中的，嵌入式图表是作为一个对象插入已有的工作表内，嵌入式图表置于工作表之内，便于同时观看图表及其相关工作表，独立图表在原来工作表之外，与数据分开显示。

1）通过选项卡按钮创建数据图表

通过选项卡按钮创建数据图表的方法是：在数据表格中选择想要创建图表的数据区域（可以使用【Ctrl】键选择不连续的区域），选择"插入"选项卡，在"图表"组中选择相应的图表类型按钮，如图 7-9 所示，再在单击后弹出的相应菜单中选择相应的子类型即可。

如果"图表"组中显示图表类型不能满足需求可单击"图表"组右下角 按钮，弹出"插入图表"对话框，如图 7-10 所示，在该对话框中选择满足需求的图表类型，单击"确定"按钮创建图表。

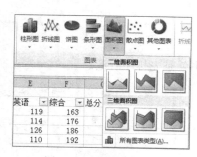

图 7-9　"图表"组

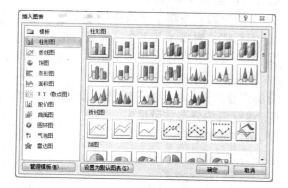

图 7-10　"插入图表"对话框

图表类型包括：柱形图、折线图、饼图、条形图、面积图、XY（散点图）、股价图、曲面图、圆环图、气泡图、雷达图 11 种。

每种图表都有其适合的应用领域，可以用来表现数据间的某种相对关系，如：需要体现出每一个项目占整体的比例时，通常使用饼图。

每类图表都包括几种子图表类型，以饼图为例：饼图（二维）、三维饼图、复合饼图、分离型饼图、分离型三维饼图、复合条饼图等。

按照上述方法创建的数据图表会直接显示在当前工作表中。

2）自动绘图

自动绘图的方法是：在数据表格中选择想要创建图表的数据区域（可以使用【Ctrl】键选择不连续的区域），按【F11】键，自动绘图建立的图表是独立图表，或是按【Alt + F1】组合键，自动绘图建立的图表是在当前工作表中。

3）编辑数据图表

图表主要由图表区、绘图区、图表标题、坐标轴、图例、模拟运算表和三维背景等子对象组成。通常，当鼠标指针悬停在图表子对象上方时就会显示该子对象名称以方便查找和编辑。

单击图表即可选中图表，图表被选中后功能区会新增"图表工具"选项卡，如图 7-11 所示。在该选项卡中又包含三个子选项卡，依次为："设计"选项卡、"布局"选项卡和"格式"选项卡。图 7-11 所示为"设计"子选项卡，可通过这三个子选项卡对选中的图表进行编辑修改。

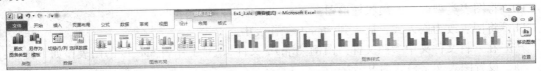

图 7-11　"图表工具/设计"选项卡

在"设计"子选项卡中可对图表进行的操作有：修改图表的类型、修改图表的数据、修改图表的布局以及移动图表的位置等。

在"布局"子选项卡中可对图表进行的操作有：在图表中插入新的对象如图片、自选图形和文本框等、修改图表的标签、修改图表的网格线、分析图表增加趋势线等。

在"格式"子选项卡中可对图表进行的操作主要是修改图表的形状样式和文字样式以美化图表。

三、实验内容

在可写硬盘 D 盘的根目录中新建一个以本人学号和姓名为文件名的作业文件夹（例如，20101234567 张三），根据相关素材（素材在"实验素材"文件夹中）完成以下内容：

（1）把"附录四.xlsx"保存到作业文件夹下，并重命名为"Ex2_1.xlsx"。按照下列要求制作 Excel 工作簿：

① 在同一工作簿中复制工作表"成绩表"两次，并将新复制的工作表分别重名名为"汇总表"和"备份表"。

② 列出工作表"成绩表"中，语文成绩 >100 分，且数学成绩 >100 分，且英语成绩 >110 分的所有学生的名单。

③ 列出工作表"备份表"中的语文成绩 >100 分，且数学成绩 >100 分，或者语文成绩 >100 分，且英语成绩 >110 分的所有学生的名单。

④ 将工作表"数据源"的 D2:D52 区域内容复制到工作表"汇总表"的 A2:A52 区域中。

⑤ 在工作表"数据源"的 A3:A52 单元格中，分别填入各学生的学号：01、02、…、50，并按出生日期先后排序。

⑥ 在"汇总表"中按籍贯进行分类汇总（要求籍贯按升序排列，汇总结果显示在数据下方），求各地区语文、数学和英语课程平均分。

⑦ 在素材文件夹中参照文件"图例-1.jpg"，在"汇总表"中根据各地区语文、数学和英语课程平均分在本工作表中以行方式生成簇状柱形图表，为该图表添加标题"成绩分析"，图例位置放在底部。

⑧ 新建一个 Word 文档，命名为"图表.docx"，将"成绩分析"图表以"增强型图元文件"方式粘贴到新建的 Word 文档中。

（2）把"附录五.xls"保存作业文件夹下，并重命名为"Ex2_2.xls"。按照下列要求制作 Excel 工作簿：

① 在素材文件夹中参照文件"图例-2.jpg"文件，对工作表 Sheet3 作如下操作：引用表中的"西门子""郁金香""惠普"三列数据，生成非嵌入式图表，三维簇状柱形图，图表标题"Windows 95 英文版操作系统测试"隶书、22 号、红色。

② 对工作表 Chart1 作如下修改：

a．将图表类型改为：簇状柱形图。

b．将图表改为嵌入式，插入到 Sheet9 工作表中。

③ 在素材文件夹中参照文件"图例-3.jpg"文件,，对工作表 Sheet9 的图表作如下修改：

a．设置图表文字格式为 9 号字。

b．给图表增加标题"初中主要课程学习成绩统计表"，标题为 12 号。

c．设置分类轴为：学期；数值轴为：分数（文字竖排），并适当调整其位置。

d．设置 Y 轴有主要网格线。

e．设置数据标志为显示值。

④ 在工作表"销售统计表"中计算"销售额"（销售额＝数量×零售价）。

⑤ 根据工作表"销售统计表"中的 A3:C10 数据区域，以列方式生成一嵌入式图表，图表类型为"分离型三维饼图"，图表标题为"销售数量"，在图表上显示数量值。

⑥ 在工作表"销售人员表"的 C11 单元格中,输入函数公式计算销售人员总数,并在 D4:D10 区域内计算"销售人员比例"值（销售人员比例＝销售人员/销售人员总数），数据格式设置为百分比，小数位数为 2 位。

⑦ 在工作表"学生信息表"中，根据给出的男、女，物理、英语最高分建立一个非嵌入式三维柱形图，标题为"物理英语最高分"，蓝色、隶书、24 号。

⑧ 在素材文件夹中参照"图例-4.jpg"文件，修改有关图项。

四、实验步骤

在可写硬盘 D 盘的根目录中新建一个以本人学号和姓名为文件名的作业文件夹（例如，20101234567 张三），根据相关素材（素材在"实验素材"文件夹中）完成以下内容：

（1）把"附录四.xlsx"保存到作业文件夹下，并重命名为"Ex2_1.xlsx"。按照下列要求制作 Excel 工作簿：

① 在同一工作簿中复制工作表"成绩表"两次，并将新复制的工作表分别重命名为"汇总表"和"备份表"。

步骤：右击"成绩表"工作表标签，选择"移动或复制"命令，弹出"移动或复制工作表"

对话框，勾选"建立副本"选项，如图 7-12 所示，将新生成的"成绩表（2）"重命名为"汇总表"，使用同样的方式建立"备份表"。

② 列出工作表"成绩表"中，语文成绩＞100 分且数学成绩 ＞100 分且英语成绩 ＞110 分的所有学生的名单。

步骤 1：将鼠标定位在有效数据区内任意位置，选择"数据"选项卡，单击"排序和筛选"组中的"筛选" 命令，数据列表的每一列的标题右边出现三角 按钮，单击要设置条件的列标题右边的三角 按钮，选择"数字筛选"菜单中的"自定义筛选"命令，弹出"自定义自动筛选方式"对话框，在对话框中设置筛选条件，如图 7-13 所示设置语文＞100 分，同样的方法设置数学成绩 ＞100 分且英语成绩 ＞110 分。

图 7-12　"移动或复制工作表"对话框　　　图 7-13　"自定义自动筛选方式"对话框

③ 列出工作表"备份表"中的语文成绩 ＞100 分，且数学成绩 ＞100 分；或者语文成绩＞100 分，且英语成绩 ＞110 分的所有学生的名单。

步骤 1：选择"数据"选项卡，单击"排序和筛选"组中的"高级" 命令，弹出"高级筛选"对话框。

步骤 2：列表区域即备份表原有的数据区域，条件区域需要自己根据题目的要求列出来，如图 7-14 所示，先将题目所给的条件的三个标题列出，再在三个标题下列出筛选的条件，列在同一行的条件为"与"的关系，列在不同行的条件为"或"的关系，图 7-14 所列的条件意义为：语文 ＞100 且数学 ＞100 或者语文 ＞100 且英语＞ 110，即在满足语文成绩条件的前提下数学和英语的成绩限制满足其一就筛选出来。

④ 将工作表"数据源"的 D2:D52 区域内容复制到工作表"汇总表"的 A2:A52 区域中。

⑤ 在工作表"数据源"的 A3:A52 单元格中，分别填入各学生的学号：01、02、…、50，并按出生日期先后排序。

步骤：先设置学号列的单元格格式为文本，再利用填充柄填充学号。排序关键字为"出生日期"，按出生日期先后排序即"出生日期"按升序排序。

⑥ 在"汇总表"中按籍贯进行分类汇总（要求籍贯按升序排列，汇总结果显示在数据下方），求各地区语文、数学和英语课程平均分。

步骤 1：要做分类汇总必须先做排序，根据题目的要求要对哪一字段进行分类就先将这一列进行排序。本题要求各地区成绩的均分，所以需要先以"籍贯"为关键字按升序排序。

步骤 2：将鼠标指针定位在数据列表中，选择"数据"选项卡，单击"分级显示"组中的"分类汇总" 按钮，弹出"分类汇总"对话框，如图 7-15 所示，根据题目要求设置分类汇总选项，单击"确定"按钮完成分类汇总。

图 7-14　高级筛选　　　　　　　　　　　图 7-15　"分类汇总"对话框

⑦ 在素材文件夹中参照"图例-1.jpg"文件，在"汇总表"中根据各地区语文、数学和英语课程平均分在本工作表中以行方式生成簇状柱形图表，为该图表添加标题"成绩分析"，图例位置放在底部。

步骤 1： 使用【Ctrl】键+鼠标左键的组合点选数据表中不连续的数据，如图 7-16 所示。

	A	B	C	D	E	F	G	H	I
1									
2	籍贯	姓名	语文	数学	英语	综合	总分	平均	备注
6	安徽	平均值	105	105	108				
12	北京	平均值	105	104	108				
46	江苏	平均值	107	106	107				
51	江西	平均值	115	107	115				
56	山东	平均值	107	115	102				
58	浙江	平均值	107	113	81				
59	总计平均值		107	106	107				

图 7-16　选中数据

步骤 2： 选择"插入"选项卡，在"图表"组中选择"柱形图"下拉按钮，在弹出的下拉列表中选择"簇状柱形图"，生成图表如图 7-17 所示。

步骤 3： 题中指出本题系列产生在行上，选中生成的图表，选择"图表工具"选项卡下的"设计"选项卡，在"数据"组中单击"切换行/列" 按钮，改变图表系列产生的位置，修改后的图表如图 7-18 所示。

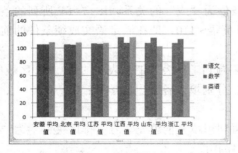

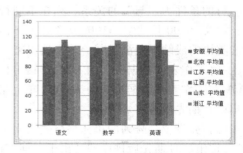

图 7-17　生成新图表　　　　　　　　　　图 7-18　修改后的图表

步骤 4： 选中生成的图表，选择"图表工具"选项卡下的"布局"子选项卡，在"标签"组中单击"图表标题"下拉按钮，在弹出的下拉列表中选择图表标题的位置为"图表上方"，在图表中的"图表标题"文本框中输入图表标题为"成绩分析"，修改后的图表如图 7-19 所示。

步骤 5： 选中生成的图表，选择"图表工具"选项卡下的"布局"子选项卡，在"标签"组中单击"图例"下拉按钮，在弹出的下拉列表中选择图例的位置为"在底部显示图例"，完成后的图表如图 7-20 所示。

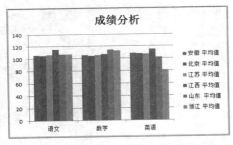

图 7-19　添加图表标题

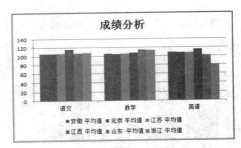

图 7-20　在底部显示图例

⑧ 新建一个 Word 文档，命名为"图表.docx"，将"成绩分析"图表以"增强型图元文件"方式粘贴到新建的 Word 文档中。

步骤：新建一个 Word 文档并命名为"图表.docx"，在 Excel 中选中生成的图表，右击弹出快捷菜单，选择"复制"，打开 Word 文档，选择"开始"选项卡，在"剪切板"组中单击"粘贴"下拉按钮，在弹出的下拉列表中单击"选择性粘贴"命令，在弹出的"选择性粘贴"对话框中选择"增强型图元文件"，单击"确定"按钮粘贴图表。

（2）把"附录五.xlsx"保存作业文件夹下，并改名为"Ex2_2.xlsx"。按照下列要求制作 Excel 工作簿：

① 在素材文件夹中参照文件"图例-2.jpg"文件，对工作表 Sheet3 作如下操作：引用表中的"西门子"、"郁金香"、"惠普"三列数据，生成非嵌入式图表，三维簇状柱形图，图表标题"Windows 95 英文版操作系统测试"隶书、22 号、红色。

步骤 1：使用鼠标拖动的方式选中数据表的数据，如图 7-21 所示。

步骤 2：选择"插入"选项卡，在"图表"组中选择"柱形图"下拉按钮，在弹出的下拉列表中选择"三维簇状柱形图"，生成图表如图 7-22 所示。

图 7-21　选中数据

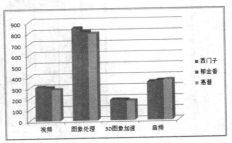

图 7-22　三维簇状柱形图

步骤 3：选中生成的图表，选择"图表工具"选项卡下的"布局"子选项卡，在"标签"组中单击"图表标题"下拉按钮，在弹出的下拉列表中选择图表标题的位置为"图表上方"，在图表中的"图表标题"文本框中输入图表标题为"Windows 95 英文版操作系统测试"，设置图表标题字体为"隶书、22 号、红色"，完成后的图表如图 7-23 所示。

② 对工作表 Chart1 作如下修改：

a. 将图表类型改为：簇状柱形图。

步骤：选中工作表 Chart1，选择"图表工具"选项卡下的"设计"子选项卡，在"类型"组中单击"更改图表类型"按钮，弹出"更改图表类型"对话框，将图表类型更改为"簇状柱形图"，如图 7-24 所示。

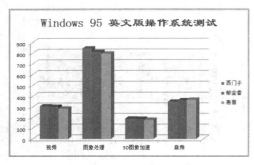

图 7-23　图表

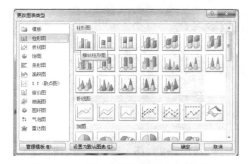

图 7-24　"更改图表类型"对话框

b. 将图表改为嵌入式，插入到 Sheet9 工作表中。

步骤：选中工作表 Chart1，选择"图表工具"选项卡下的"设计"选项卡，在"位置"组中单击"移动图表"按钮，弹出"移动图表"对话框，将图表位置更改为"对象位于 Sheet9"工作表中，如图 7-25 所示。

③ 在素材文件夹中参照　"图例-3.jpg"文件，对工作表 Sheet9 的图表作如下修改：

a. 设置图表文字格式为 9 号字。

步骤：右击图表的空白区域，在弹出的快捷菜单中选择"字体"命令，弹出"字体"对话框，修改图表文字格式为 9 号字，或直接在弹出的"字体"工具栏中修改，如图 7-26 所示。

图 7-25　"移动图表"对话框

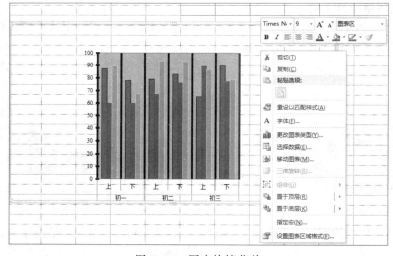

图 7-26　图表快捷菜单

b. 给图表增加标题"初中主要课程学习成绩统计表"，标题为 12 号。

步骤：选中图表，选择"图表工具"选项卡下的"布局"子选项卡，在"标签"组中单击"图表标题"下拉按钮，在弹出的下拉列表中选择图表标题的位置为"图表上方"，在图表中的"图表标题"文本框中输入图表标题为"初中主要课程学习成绩统计表"，设置图表标题字体为"12 号"，修改后的图表如图 7-27 所示。

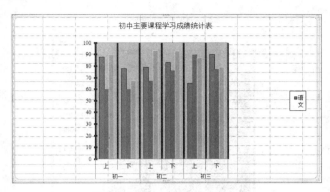

图 7-27　增加标题后的图表

c. 设置分类轴为：学期；数值轴为：分数（文字竖排），并适当调整其位置。

步骤 1：选中图表，选择"图表工具"选项卡下的"布局"子选项卡，在"标签"组中单击"坐标轴标题"下拉按钮，在弹出的下拉列表中选择"主要横坐标轴标题"命令，选择标题位置为"坐标轴下方标题"，在横坐标轴标题文本框中输入标题名称为"学期"。

步骤 2：选中图表，选择"图表工具"选项卡下的"布局"子选项卡，在"标签"组中单击"坐标轴标题"下拉按钮，在弹出的下拉列表中选择"主要纵坐标轴标题"命令，选择标题位置为"竖排标题"，在纵坐标轴标题文本框中输入标题名称为"分数"，修改后的图表如图 7-28 所示。

d. 设置 Y 轴有主要网格线。

步骤：选中图表，选择"图表工具"选项卡下的"布局"子选项卡，在"坐标轴"组中单击"网格线"下拉按钮，在弹出的下拉列表中的"主要横网格线"列表中选择"主要网格线"命令，在弹出的下拉列表中的"主要纵网格线"列表中选择"无"命令，修改后的图表如图 7-29 所示。

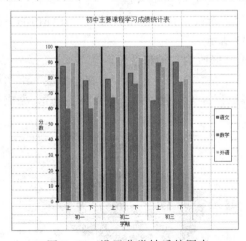

图 7-28　设置分类轴后的图表

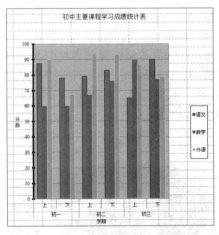

图 7-29　设置 Y 轴有主要网格线的图表

e. 设置数据标志为显示值。

步骤：选中图表，选择"图表工具"选项卡下的"布局"子选项卡，在"标签"组中单击"数据标签"下拉按钮，在弹出的下拉列表中选择数据标签的位置为"数据标签外"，完成后的图表如图 7-30 所示。

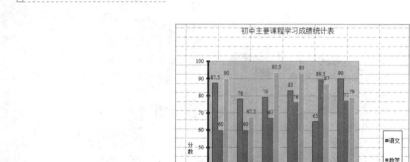

图 7-30　显示数据标志的图表

④ 在工作表"销售统计表"中计算"销售额"(销售额＝数量×零售价)。

步骤 1：选中工作表"销售统计表"，将光标定位在"E4"单元格，输入公式"= C4*D4"，输完后按【Enter】键即可。

注意："C4"和"D4"可以不需要键盘输入，通过鼠标单击对应的单元格实现其输入。

步骤 2：运用填充柄填充剩下来的 E5 到 E10 单元格。

⑤ 根据工作表"销售统计表"中的 A3:C10 数据区域，以列方式生成一嵌入式图表，图表类型为"分离型三维饼图"，图表标题为"销售数量"，在图表上显示数量值。

步骤 1：使用鼠标左键拖动的方式选中数据表中 A3:C10 数据区域；

步骤 2：选择"插入"选项卡，在"图表"组中选择"饼图"下拉按钮，在弹出的下拉列表中选择"分离型三维饼图"，生成图表如图 7-31 所示。

步骤 3：选中图表标题文本框，将标题"数量"修改为"销售数量"。

步骤 4：选中图表，选择"图表工具"选项卡下的"布局"选项卡，在"标签"组中单击"数据标签"下拉按钮，在弹出的下拉列表中选择数据标签的位置为"数据标签外"，完成后的图表如图 7-32 所示。

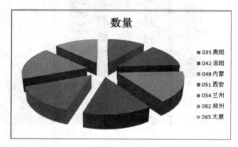

图 7-31　分离型三维饼图

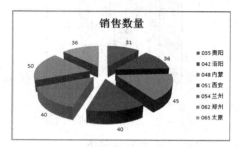

图 7-32　添加数据标签

⑥ 在工作表"销售人员表"的 C11 单元格中，输入函数公式计算销售人员总数，并在 D4:D10 区域内计算"销售人员比例"值(销售人员比例＝销售人员/销售人员总数)，数据格式设置为

百分比，小数位数为 2 位。

步骤 1：利用求和函数在 C11 单元格中求出销售人员总数，如图 7-33 所示。

步骤 2：利用引用绝对地址在 D4 单元格中先求出贵阳的销售人员比例，公式为"= C4/$C$11"，C4 是相对地址，利用填充柄填充的时候，会变化，如果在列方向向下进行填充，会依次填充为 C5,C6…；而 $C$11 是绝对地址，利用填充柄填充时，不会变化。由于我们这里每项比例的计算中分子是从 C4 变到 C10 的，因此使用相对地址；而分母都是取 C11 的值，所以采用的是绝对地址，如图 7-34 所示。

图 7-33 求和函数

图 7-34 绝对地址引用

步骤 3：利用填充柄进行填充 D5：D10 单元格。

步骤 4：选中 D4:D10 单元格，选择"开始"选项卡，在"数字"组中"数字格式"下拉列表中选择"百分比"选项设置单元数字格式，如图 7-35 所示。

⑦ 在工作表"学生信息表"中，根据给出的男、女，物理、英语最高分建立一个非嵌入式三维柱形图，标题为"物理英语最高分"，蓝色、隶书、24 号。

步骤 1：使用鼠标左键拖动的方式选中数据表中 A1:C3 数据区域。

步骤 2：选择"插入"选项卡，在"图表"组中选择"柱形图"下拉按钮，在弹出的下拉列表中选择"三维柱形图"，生成图表如图 7-36 所示。

图 7-35 "数字格式"下拉列表

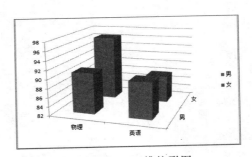

图 7-36 三维柱形图

步骤 3：选中生成的图表，选择"图表工具"选项卡下的"布局"子选项卡，在"标签"组中单击"图表标题"下拉按钮，在弹出的下拉列表中选择图表标题的位置为"图表上方"，在图表中的"图表标题"文本框中输入图表标题为"物理英语最高分"，设置图表标题字体为"蓝色、隶书、24 号"，完成后的图表如图 7-37 所示。

步骤 4：选中图表，选择"图表工具"选项卡下的"设计"子选项卡，在"位置"组中单击"移动图表"按钮 ，弹出"移动图表"对话框，将图表位置更改为新工作表"Chart1"，如图 7-38 所示。

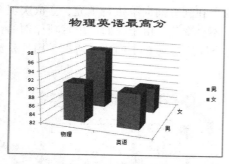

图 7-37　加入标题

图 7-38　"移动图表"对话框

⑧ 在素材文件夹中参照"图例-4.jpg"文件，修改有关图项。

★实验八 ▦ Excel 2010 高级应用

一、实验目的

（1）掌握常用统计函数、数值函数、文本函数、日期和时间函数、逻辑函数等函数的使用。主要函数包括：SUMIF，COUNTIF，ABS，MOD，LEFT，MID，TEXT，SUBSTITUTE，VLOOKUP，LOOKUP，INDEX，MATCH，EXACT，ADDRESS，ROW，COLUMN，DATE，YEAR，MONTH，DAY，AND，FALSE，TRUE，NOT，IFERROR，COUNTA，RANK 等；

（2）掌握数据透视表和数据透视图；

（3）掌握多工作表操作，工作表及工作簿的保护、共享和修订；

二、实验要点简述

1. 函数应用

函数是 Excel 中系统预定义的公式，如常用的 SUM、AVERAGE 等。通常，函数通过引用参数接受数据，并返回计算结果。函数由函数名和参数构成。

函数的格式为函数名（参数 1、参数 2、……），其中，函数名用英文字母表示，函数名后的括号是不可少的，括号内的参数可以是常量、单元格引用、公式或其他函数，参数的个数和类别由该函数的性质决定。

输入函数的方法有：

方法一：单击编辑框上的"插入函数"按钮 f_x，弹出"插入函数"对话框，如图 8-1 所示，选择需要的函数，例如求和函数 SUM，弹出求和函数 SUM 的"函数参数"对话框，如图 8-2 所示，在"函数参数"对话框中确定函数的参数以及函数运算的区域等。

图 8-1 "插入函数"对话框　　　　　图 8-2 "函数参数"对话框

方法二：在"公式"选项卡的"函数库"组中选择相应的函数插入。

方法三：直接在单元格或编辑栏中输入函数公式"=函数名（参数）"，如果参数不确定，可以拖动鼠标在工作表中选取。

1）统计函数

统计函数主要用于各种统计计算，在统计领域中有着极其广泛的应用。

（1）统计计数函数 COUNT

函数名称：COUNT

函数功能：函数返回由参数指定区域中包含数字、文本格式的数字和日期的单元格的个数。

使用格式：COUNT(value1，value2，...)

参数说明：value1 必需。要计算其中数字的个数的第一个项、单元格引用或区域。

value2 可选。要计算其中数字的个数的其他项、单元格引用或区域。参数个数最多可包含 255 个

应用举例：如果 A1=6.28、A2=3.74，A4=2015/3/5，A7=98，其余单元格为空，则公式“=COUNT(A1:A7)”的计算结果等于 4。

（2）统计计数函数 COUNTA

函数名称：COUNTA

函数功能：函数计算参数指定区域中不为空的单元格的个数。

利用函数 COUNTA 可以计算数组或单元格区域中数据项的个数。

使用格式：COUNTA(value1，value2，...)

参数说明：value1 必需。表示要计数的值的第一个项。

value2 可选。表示要计数的值的其他参数，最多可包含 255 个参数。

应用举例：如果 A1=6.28，A2=3.74，A4= A，A7=True，其余单元格为空，则公式“COUNTA(A1:A7)”的计算结果等于 4。

（3）条件统计函数 COUNTIF

函数名称：COUNTIF

函数功能：统计某个单元格区域中符合指定条件的单元格数目。

使用格式：COUNTIF(range, criteria)

参数说明：range 代表要统计的单元格区域。

Criteria 表示指定的条件表达式。

应用举例：如图 8-3 所示，在 H3 单元格中输入公式：=COUNTIF(D3:D52,">=100")，确认后，即可统计出 D3 至 D52 单元格区域中，语文成绩大于等于 100 的学生有 41 人。

公式“COUNTIF(C3:C13,C3)”，返回在单元格区域 C3 到 C13 中包含“男”的单元格的个数 9。

特别提醒：允许引用的单元格区域中有空白单元格出现。

（4）排位函数 RANK

函数名称：RANK

函数功能：返回某一数字在数字列表中的排位。

使用格式：RANK（number,ref,order）

参数说明：number 必需。需要排位的数值。

ref 必需。代表排位数值所处的单元格区域。

order 可选。一个数字，指明数字排位的方式。

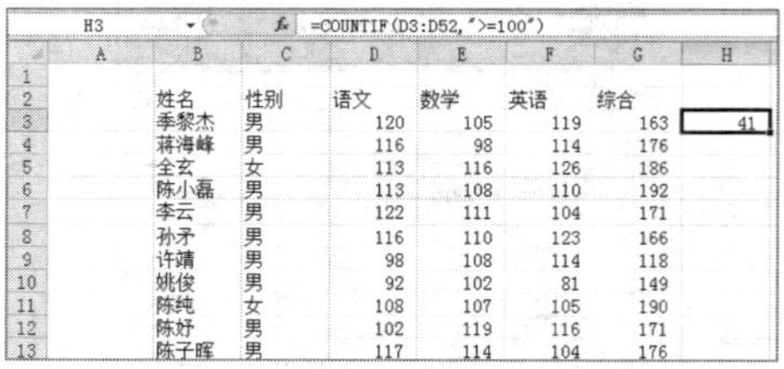
H3 =COUNTIF(D3:D52,">=100")

	A	B	C	D	E	F	G	H
1								
2		姓名	性别	语文	数学	英语	综合	
3		季黎杰	男	120	105	119	163	41
4		蒋海峰	男	116	98	114	176	
5		全玄	女	113	116	126	186	
6		陈小磊	男	113	108	110	192	
7		李云	男	122	111	104	171	
8		孙矛	男	116	110	123	166	
9		许靖	男	98	108	114	118	
10		姚俊	男	92	102	81	149	
11		陈纯	女	108	107	105	190	
12		陈妤	男	102	119	116	171	
13		陈子晖	男	117	114	104	176	

图 8-3　COUNTIF 函数举例

如果为“0”或者省略，则按降序排位，即数值越大，排位结果数值越小；如果为非“0”值，则按升序排位，即数值越大，排位结果数值越大。

应用举例：如在 H3 单元格中输入公式：=RANK(D3,$D$3:$D$13,0)，确认后即可得出季黎

杰的语文成绩在全班成绩中的排名结果。

特别提醒：在上述公式中，我们让 number 参数采取了相对引用形式，而让 ref 参数采取了绝对引用形式（增加了一个"$"符号），这样设置后，选中 H3 单元格，将鼠标移至该单元格右下角，成细十字线状时（通常称之为"填充柄"），按住左键向下拖拉，即可将上述公式快速复制到 H 列下面的单元格中，完成其他同学语文成绩的排名统计。

函数 RANK 对重复数的排位相同，但重复数的存在将影响后续数值的排位。例如，如果整数 25 在指定区域出现两次，按升序排位，其排位为 10，则整数 26 排位为 12。

2）数学与三角函数

数学与三角函数主要用于数值的计算和处理，在 Excel 中应用范围最广，出现的形式也最多。

（1）求绝对值函数 ABS

函数名称：ABS

函数功能：求出相应数字的绝对值。

使用格式：ABS(number)

参数说明：number 代表需要求绝对值的数值或引用的单元格。

应用举例：如果在 B2 单元格中输入公式：=ABS(A2)，则在 A2 单元格中无论输入正数（如 100）还是负数（如–100），B2 中均显示出正数（如 100）。

特别提醒：如果 number 参数不是数值，而是一些字符（如 A 等），则 B2 中返回错误值"#VALUE!"。

（2）求余数函数 MOD

函数名称：MOD

函数功能：求出两数相除的余数。

使用格式：MOD (number, divisor)

参数说明：number 代表被除数。

divisor 代表除数。

应用举例：输入公式：=MOD(13,4)，确认后显示出结果"1"。

特别提醒：如果 divisor 参数为零，则显示错误值"#DIV/0!"；MOD 函数可以借用函数 INT 来表示：上述公式可以修改为：=13–4*INT(13/4)。

（3）条件求和函数 SUMIF

函数名称：SUMIF

函数功能：对指定区域内符合指定条件的数值求和。

使用格式：SUMIF（range, criteria, sum_range）

参数说明：range 必需。用于条件计算的单元格区域。

criteria 必需。用于确定对哪些单元格求和的条件。

sum_range 可选。要求和的实际单元格。如果 sum_range 被省略，则对 Range 参数中指定的单元格求和。

应用举例：如图 8-4 所示，在 H3 单元格中输入公式：=SUMIF(C3:C52,"男",D3:D52)，确认后即可求出"男"生的语文成绩和。

特别提醒：如果把上述公式修改为：=SUMIF(C3:C52,"女",D3:D52)，即可求出"女"生的语文成绩和；其中"男"和"女"由于是文本型的，需要放在英文状态下的双引号（"男"、"女"）中。

图 8-4　SUMIF 函数举例

3）文本函数

文本函数主要是对字符串进行处理，包括字符串的比较、查找、截取、拆拼、插入、替换和删除等操作，在字符串处理中有着极其重要的作用。

（1）文本比较函数 EXACT

函数名称：EXACT

函数功能：测试两个字符串是否完全相同。如果它们完全相同，则返回 TRUE；否则返回 FALSE。EXACT 函数区分大小写，但忽略格式上的差异。

使用格式：EXACT(text1, text2)

参数说明：text1 是待比较的第一个字符串。

text2 是待比较的第二个字符串。

应用举例：如果 A1=物理、A2=化学、A3=物理，则公式"=EXACT(A1, A2)"返回 FALSE，公式"=EXACT(A1, A3)"返回 TRUE，公式"=EXACT("word", "word")"返回 TRUE。

（2）截取字符串函数 LEFT

函数名称：LEFT

函数功能：根据指定的字符数返回文本字符串中的第一个或前几个字符。

使用格式：LEFT(text, num_chars)

参数说明：text 必需。是包含要提取字符的文本字符串。

num_chars 可选。指定函数要提取的字符数，它必须大于或等于 0。如果省略该参数，则假设其值为 1

应用举例：如果 A1="电脑爱好者"，则 LEFT(A1, 2)返回"电脑"。

（3）截取字符串函数 MID

函数名称：MID

函数功能：从一个文本字符串的指定位置开始，截取指定数目的字符。

使用格式：MID (text, start_num, num_chars)

参数说明：text 从中提取字符的文本字符串。

start_num 文本中提取第一个字符的位置。

num_chars 指定要截取字符的数目。

应用举例：假定 A47 单元格中保存了"我喜欢天极网"的字符串，我们在 C47 单元格中输入公式：=MID(A47,4,3)，确认后即显示出"天极网"的字符。

（4）字符串替换函数 SUBSTITUTE

函数名称：SUBSTITUTE

函数功能：在文本字串中用 new_text 替代 old _text。如果需要在一个文本字串中替换指定的文本，可以使用函数 SUBSTITUTE；如果需要在某一文本字串中替换指定位置处的任意文本，就应当使用函数 REPLACE。

使用格式：SUBSTITUTE(text, old_text, new_text, instance_num)

参数说明：text 是需要替换其中字符的文本，或是含有文本的单元格引用。

old_text 是需要替换的旧文本。

new_text 用于替换 old_text 的文本。

instance_num 可选。为一数值，用来指定以 new_text 替换第几次出现的 old_text；如果指定了 instance_num，则只有满足要求的 old_text 被替换；否则将用 new_text 替换 Text 中出现的所有 old_text。

应用举例：如果 A1=学习的革命、A2=电脑，则公式"=SUBSTITUTE(A1, "的革命", A2, 1)"返回"学习电脑"。

（5）数据格式转换函数 TEXT

函数名称：TEXT

函数功能：按指定数值格式将数值字换成文本。

使用格式：TEXT(value, format_text)

参数说明：value 数值，计算结果是数值的公式，或对包含数值的单元格的引用。

format_text 将数值转换成文本的数字格式，参数不能包含"*"。设置转换格式，请右键单击单元格，选择"设置单元格格式"，在"设置单元格格式"对话框的"数字"选项卡的"分类"列表框中，选"自定义"，弹出的"类型"列表框中选所需格式。

应用举例：如果 A1=2986.638，则公式"=TEXT(A1, "#, ##0.00")"返回 2，986.64。

特别提醒：使用函数 TEXT 可以将数值转换为带格式的文本，而其结果将不再作为数字参与计算。

4）日期和时间函数

日期和时间函数主要用于对日期和时间进行计算和处理。

（1）日期函数 DATE

函数名称：DATE

函数功能：给出指定数值的日期。

使用格式：DATE(year, month, day)

参数说明：year 为指定的年份数值（小于 9999）。

month 为指定的月份数值（可以大于 12）。

day 为指定的天数。

应用举例：在 C20 单元格中输入公式：=DATE(2003,13,35)，确认后，显示出 2004-2-4。

特别提醒：由于上述公式中，月份为 13，多了一个月，顺延至 2004 年 1 月；天数为 35，比 2004 年 1 月的实际天数又多了 4 天，故又顺延至 2004 年 2 月 4 日

（2）年函数 YEAR

函数名称：YEAR

函数功能：返回某日期的年份。其结果为 1900 到 9999 之间的一个整数。

使用格式：YEAR(serial_number)

参数说明：serial_number 是一个日期值，其中包含要查找的年份。日期有多种输入方式：带引号的字符串（例如 "1998/01/30"）、序列号（例如，如果使用 1900 日期系统则 35825 表示 1998 年 1 月 30 日）或其他公式或函数的结果（例如 DATEVALUE ("1998/1/30")）。

应用举例：公式=YEAR("2000/8/6")返回 2000，=YEAR("2003/05/01")返回 2003，=YEAR(35825)返回 1998。

5）逻辑函数

逻辑函数主要对给定的条件进行逻辑判断，并根据判断结果返回给定的值。

（1）AND 函数

函数名称：AND

函数功能：返回逻辑值，如果所有参数的计算结果值均为逻辑"真（TRUE）"，则返回逻辑"真（TRUE）"，反之返回逻辑"假（FALSE）"。

使用格式：AND(logical1,logical2, ...)

参数说明：Logical1, Logical2, Logical3，…：表示待测试的条件值或表达式，最多这 30 个。

应用举例：在 C5 单元格输入公式：=AND(A5>=60,B5>=60)，确认。如果 C5 中返回 TRUE，说明 A5 和 B5 中的数值均大于等于 60，如果返回 FALSE，说明 A5 和 B5 中的数值至少有一个小于 60。

特别提醒：如果指定的逻辑条件参数中包含非逻辑值时，则函数返回错误值 "#VALUE!"或 "#NAME"。

（2）FALSE 函数

函数名称：FALSE

函数功能：返回逻辑值 FALSE。

使用格式：FALSE( )

参数说明：该函数不需要参数。

应用举例：如果在 A1 单元格内输入公式 "=FALSE()"，回车后即可返回 FALSE。若在单元格或公式中输入文字 FALSE，Excel 会自动将它解释成逻辑值 FALSE。

特别提醒：TRUE 函数与 FALSE 函数的用法类似，返回值为 TRUE。

（3）NOT 函数

函数名称：NOT

函数功能：对参数值求反。当要确保一个值不等于某一特定值时，可以使用 NOT 函数。

使用格式：NOT(logical)

参数说明：logical 是一个可以得出 TRUE 或 FALSE 结论的逻辑值或逻辑表达式。如果逻辑值或表达式的结果为 FALSE，则 NOT 函数返回 TRUE；如果逻辑值或表达式的结果为 TRUE，那么 NOT 函数返回的结果为 FALSE。

应用举例：如果在 A1 单元格内输入公式 "=NOT(FALSE)"，回车后即可返回 TRUE；输入公式 "=NOT(2>5)"，回车后即可返回 TRUE。

（4）IFERROR 函数

函数名称：IFERROR

函数功能：判断指定公式的正确性，如果公式正确则返回计算结果，否则返回 value_if_error 指定的值。

使用格式：IFERROR(value, value_if_error)

参数说明：value 检查是否存在错误的公式。

value_if_error 公式的计算结果为错误时要返回的值。计算得到的错误类型有：#N/A、#VALUE!、#REF!、#DIV/0!、#NUM!、#NAME? 或 #NULL!。

应用举例：如果在 A1 单元格内输入公式 "=IFERROR (2/0, "错误")"，回车后即可返回错误；输入公式 "=IFERROR (2/1, "错误")"，回车后即可返回 2。

6）查找和引用函数

（1）ADDRESS 函数

函数名称：ADDRESS

函数功能：以文字形式返回对工作簿中某一单元格的引用。

使用格式：ADDRESS(row_num, column_num, abs_num, a1, sheet_text)

参数说明：row_num 是单元格引用中使用的行号。

column_num 是单元格引用中使用的列标。

abs_num 可选。指明返回的引用类型（1 或省略为绝对引用，2 绝对行号、相对列标，3 相对行号、绝对列标，4 是相对引用）。

a1 可选。一个逻辑值，用来指定是以 a1 或 R1C1 引用样式。如果 a1 为 TRUE 或省略，函数 ADDRESS 返回 a1 样式的引用；如果 a1 为 FALSE，函数 ADDRESS 返回 R1C1 样式的引用。

sheet_text 可选。为一文本值，指明作为外部引用的工作表的名称，如果省略参数 sheet_text，则不使用任何工作表的名称，函数返回的地址引用当前工作表上的单元格。

应用举例：如图 8-5 所示。

	A	B	C
1	函数	结果	说明
2	=ADDRESS(2,3)	$C$2	绝对引用
3	=ADDRESS(2,3,2)	C$2	绝对行号，相对列标
4	=ADDRESS(2,3,2,FALSE)	R2C[3]	在 R1C1 引用样式中的绝对行号，相对列标
5	=ADDRESS(2,3,1,FALSE, "[Book1]Sheet1")	[Book1]Sheet1!R2C3	对其他工作簿或工作表的绝对引用
6	=ADDRESS(2,3,1,FALSE, "EXCEL SHEET")	'EXCEL SHEET'!R2C3	对其他工作表的绝对引用

图 8-5 ADDRESS 函数举例

（2）返回引用单元格列号或行号函数 COLUMN、ROW

函数名称：COLUMN

函数功能：返回引用单元格的列标号值。

使用格式：COLUMN(reference)

参数说明：reference 为引用的单元格。

应用举例：公式 "=COLUMN(B11)"，确认后显示为 2（即 B 列）。

特别提醒：如果在 B11 单元格中输入公式：=COLUMN()，也显示出 2；与之相对应的还有一个返回行标号值的函数——ROW（reference）。

（3）单行或单列匹配填充函数 LOOKUP

函数名称：LOOKUP

函数功能：返回向量（单行区域或单列区域）或数组中的数值。该函数有两种语法形式：向量形式和数组形式，其向量形式是在单行区域或单列区域（向量）中查找数值，然后返回第二个单行区域或单列区域中相同位置的数值。其数组形式在数组的第一行或第一列查找指定的数值，然后返回数组的最后一行或最后一列中相同位置的数值。

使用格式 1：LOOKUP(lookup_value，lookup_vector，result_vector)

参数说明：lookup_value 为函数 LOOKUP 在第一个向量中所要查找的数值，lookup_value 可以为数字、文本、逻辑值或包含数值的名称或引用。

lookup_vector 为只包含一行或一列的区域。lookup_vector 的数值可以为文本、数字或逻辑值。

应用举例：如图 8-6 所示，我们在 G7 单元格中输入公式：=LOOKUP(F7,A3:A52,B3:B52)，确认后，只要在 F7 单元格中输入一个学生的姓名（如高凌敏），G7 单元格中即刻显示出该学生的语文成绩为“114”。

使用格式 2：LOOKUP(lookup_value，array)

参数说明：lookup_value 函数 LOOKUP 在数组中所要查找的数值。lookup_value 可以为数字、文本、逻辑值或包含数值的名称或引用。如果函数 LOOKUP 找不到 lookup_value，则使用数组中小于或等于 lookup_value 的最大数值。

array 为包含文本、数字或逻辑值的单元格区域，它的值用于与 lookup_value 进行比较。

应用举例：如图 8-7 所示，我们在 G7 单元格中输入公式：= =LOOKUP(F7,A2:E52)，确认后，只要在 F7 单元格中输入一个学生的姓名（如高凌敏），G7 单元格中即刻显示出该学生的综合成绩为“163”。

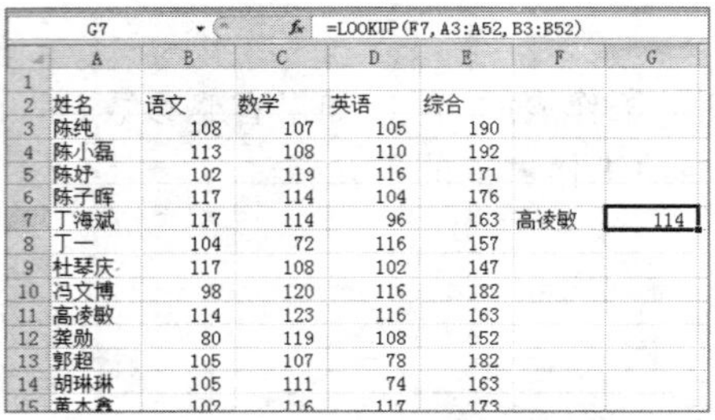
G7 =LOOKUP(F7,A3:A52,B3:B52)

	A	B	C	D	E	F	G
1							
2	姓名	语文	数学	英语	综合		
3	陈纯	108	107	105	190		
4	陈小磊	113	108	110	192		
5	陈妤	102	119	116	171		
6	陈子晖	117	114	104	176		
7	丁海斌	117	114	96	163	高凌敏	114
8	丁一	104	72	116	157		
9	杜琴庆	117	108	102	147		
10	冯文博	98	120	116	182		
11	高凌敏	114	123	116	163		
12	龚勋	80	119	108	152		
13	郭超	105	107	78	182		
14	胡琳琳	105	111	74	163		
15	黄木鑫	102	116	117	173		

图 8-6 LOOKUP 函数举例 1

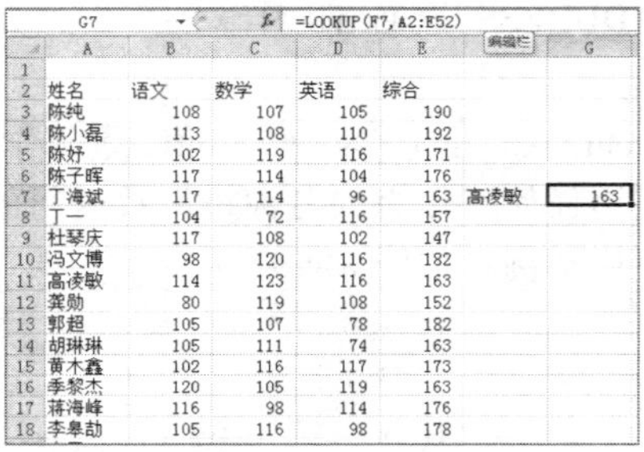
G7 =LOOKUP(F7,A2:E52)

	A	B	C	D	E	F	G
1							
2	姓名	语文	数学	英语	综合		
3	陈纯	108	107	105	190		
4	陈小磊	113	108	110	192		
5	陈妤	102	119	116	171		
6	陈子晖	117	114	104	176		
7	丁海斌	117	114	96	163	高凌敏	163
8	丁一	104	72	116	157		
9	杜琴庆	117	108	102	147		
10	冯文博	98	120	116	182		
11	高凌敏	114	123	116	163		
12	龚勋	80	119	108	152		
13	郭超	105	107	78	182		
14	胡琳琳	105	111	74	163		
15	黄木鑫	102	116	117	173		
16	季黎杰	120	105	119	163		
17	蒋海峰	116	98	114	176		
18	李皋劼	105	116	98	178		

图 8-7 LOOKUP 函数举例 2

特别提醒：lookup_vector 的数值必须按升序排列，否则 LOOKUP 函数不能返回正确的结果，参数中的文本不区分大小写。

（4）列匹配填充函数 VLOOKUP

函数名称：VLOOKUP

函数功能：在指定单元格区域的第一列查找指定的数值，确定行序号，然后返回该区域相同行上指定列的单元格中的值。

使用格式：VLOOKUP(lookup_value,table_array,col_index_num,range_lookup)

参数说明：lookup_value 代表需要查找的数值。

table_array 代表需要在其中查找数据的单元格区域。col_index_num 为在 table_array 区域中待返回的匹配值的列序号（当 col_index_num 为 2 时，返回 table_array 第 2 列中的数值，为 3 时，返回第 3 列的值……）。

range_lookup 为一逻辑值，如果为 TRUE 或省略，则返回近似匹配值，也就是说，如果找不到精确匹配值，则返回小于 lookup_value 的最大数值；如果为 FALSE，则返回精确匹配值，如果找不到，则返回错误值#N/A。

应用举例：如图 8-8 所示，我们在 H5 单元格中输入公式：=VLOOKUP(G5,A3:F52,2,FALSE)，

确认后，只要在 G5 单元格中输入一个学生的姓名（如季黎杰），H5 单元格中即刻显示出该学生的性别为“男”，如将参数 col_index_num 由 2 改为 3，则 H5 单元格中显示出该学生的语文成绩为“120”。

特别提醒：lookup_value 参数必须在 table_array 区域的首列中。

（5）INDEX 函数

函数名称：INDEX

函数功能：返回给定的单元格区域内的指定行列交叉处的单元格的值或引用。函数 INDEX() 有两种形式：数组形式和引用形式。数组形式，返回表格或数组中的元素值，此元素由行号和列号的索引值给定。引用形式，返回指定的行与列交叉处的单元格引用。

使用格式 1：INDEX(array，row_num，column_num)

返回数组中指定的单元格或单元格数组的数值。

参数说明：array 为单元格区域或数组常数。

row_num 可选。数组中某行的行序号，函数从该行返回数值。

column_num 可选。数组中某列的列序号，函数从该列返回数值。

参数 row_num 和 column_num 最多只能省略一个。

应用举例：如图 8-9 所示，我们在 G7 单元格中输入公式：=INDEX(A2:E30,3,5)，确认后，G7 单元格中即刻显示出区域 A2:E30 中第 3 行第 5 列单元中的内容“192”。

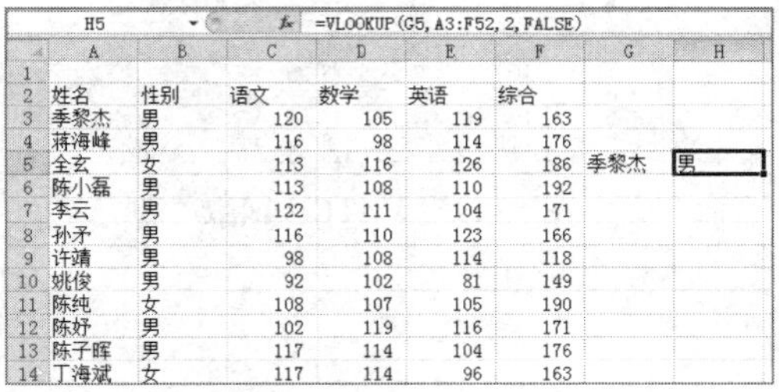
H5 =VLOOKUP(G5,A3:F52,2,FALSE)

	A	B	C	D	E	F	G	H
1								
2	姓名	性别	语文	数学	英语	综合		
3	季黎杰	男	120	105	119	163		
4	蒋海峰	男	116	98	114	176		
5	全玄	女	113	116	126	186	季黎杰	男
6	陈小磊	男	113	108	110	192		
7	李云	男	122	111	104	171		
8	孙矛	男	116	110	123	166		
9	许靖	男	98	108	114	118		
10	姚俊	男	92	102	81	149		
11	陈纯	女	108	107	105	190		
12	陈好	男	102	119	116	171		
13	陈子晖	男	117	114	104	176		
14	丁海斌	女	117	114	96	163		

图 8-8 VLOOKUP 函数举例

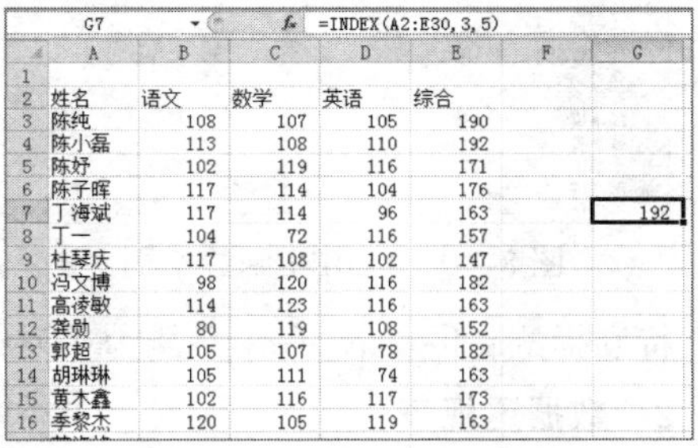
G7 =INDEX(A2:E30,3,5)

	A	B	C	D	E	F	G
1							
2	姓名	语文	数学	英语	综合		
3	陈纯	108	107	105	190		
4	陈小磊	113	108	110	192		
5	陈好	102	119	116	171		
6	陈子晖	117	114	104	176		
7	丁海斌	117	114	96	163		192
8	丁一	104	72	116	157		
9	杜琴庆	117	108	102	147		
10	冯文博	98	120	116	182		
11	高凌敏	114	123	116	163		
12	龚勋	80	119	108	152		
13	郭超	105	107	78	182		
14	胡琳琳	105	111	74	163		
15	黄木鑫	102	116	117	173		
16	季黎杰	120	105	119	163		

图 8-9 INDEX 函数举例 1

使用格式 2：INDEX(reference，row_num，column_num，area_num)

返回引用中指定单元格或单元格区域的引用。

参数说明：reference 是对一个或多个单元格区域的引用，如果为引用输入一个不连续的选定区域，必须用括号括起来。

row_num 引用中某行的行号，函数从该行返回一个引用；

column_num 可选。引用中某列的列号，函数从该列返回一个引用。

area_num 可选。是选择引用中的一个区域，并返回该区域中 row_num 和 column_num 的交叉区域。选中或输入的第一个区域序号为 1，第二个为 2，以此类推。如果省略 area_num，则 INDEX 函数使用区域 1。

应用举例：如图 8-10 所示，我们在 G7 单元格中输入公式：= =INDEX((A3:E8,A11:E16),1,1,1)，确认后，G7 单元格中即刻显示出区域 1 A3:E8 中第 1 行第 1 列单元中的内容“陈纯”；如果将参数 area_num 由 1 修改为 2，确认后，G7 单元格中即刻显示出区域 2 A11:E16 中第 1 行第 1 列单元中的内容“高凌敏”。

(6) MATCH 函数

函数名称：MATCH

函数功能：在单元格区域中搜索指定项，然后返回该项在单元格区域中的相对位置。

使用格式：MATCH(lookup_value, lookup_array, match_type)

参数说明：lookup_value 代表需要在数据表中查找的数值；lookup_array 表示可能包含所要查找的数值的连续单元格区域；Match_type 表示查找方式的值（-1、0 或 1）。如果 match_type 为-1，查找大于或等于 lookup_value 的最小数值，lookup_array 必须按降序排列；如果 match_type 为 1，查找小于或等于 lookup_value 的最大数值，lookup_array 必须按升序排列；如果 match_type 为 0，查找等于 lookup_value 的第一个数值，lookup_array 可以按任何顺序排列；如果省略 match_type，则默认为 1。

应用举例：如图 8-11 所示，我们在 G7 单元格中输入公式：=MATCH(F7,A3:A26,0)，确认后，只要在 F7 单元格中输入一个学生的姓名（如丁一），G7 单元格中即刻显示出该学生在区域 A3:A26 中排位为“6”。

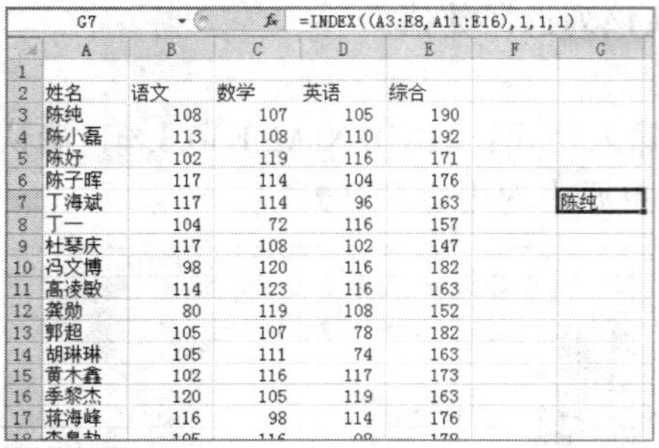

G7 =INDEX((A3:E8,A11:E16),1,1,1)

	A	B	C	D	E	F	G
1							
2	姓名	语文	数学	英语	综合		
3	陈纯	108	107	105	190		
4	陈小磊	113	108	110	192		
5	陈妤	102	119	116	171		
6	陈子晖	117	114	104	176		
7	丁海斌	117	114	96	163		陈纯
8	丁一	104	72	116	157		
9	杜琴庆	117	108	102	147		
10	冯文博	98	120	116	182		
11	高凌敏	114	123	116	163		
12	龚勋	80	119	108	152		
13	郭超	105	107	78	182		
14	胡琳琳	105	111	74	163		
15	黄木鑫	102	116	117	173		
16	季黎杰	120	105	119	163		
17	蒋海峰	116	98	114	176		

图 8-10　INDEX 函数举例 2

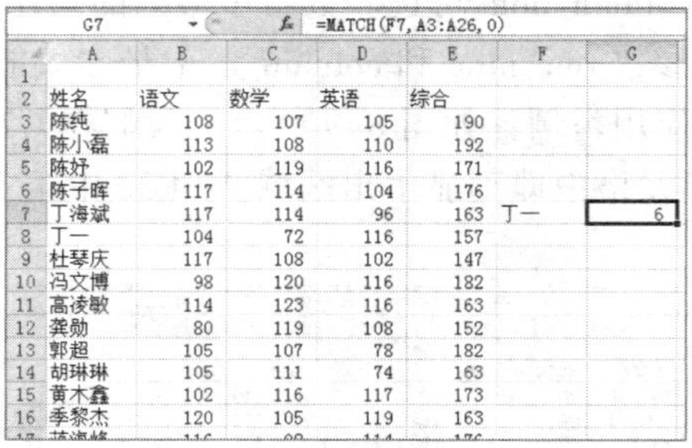

G7 =MATCH(F7,A3:A26,0)

	A	B	C	D	E	F	G
1							
2	姓名	语文	数学	英语	综合		
3	陈纯	108	107	105	190		
4	陈小磊	113	108	110	192		
5	陈妤	102	119	116	171		
6	陈子晖	117	114	104	176		
7	丁海斌	117	114	96	163	丁一	6
8	丁一	104	72	116	157		
9	杜琴庆	117	108	102	147		
10	冯文博	98	120	116	182		
11	高凌敏	114	123	116	163		
12	龚勋	80	119	108	152		
13	郭超	105	107	78	182		
14	胡琳琳	105	111	74	163		
15	黄木鑫	102	116	117	173		
16	季黎杰	120	105	119	163		

图 8-11　MATCH 函数举例

特别提醒：lookup_array 只能为一列或一行。

2. 数据透视表

数据透视表是一种快速汇总、分析和浏览大量数据的有效工具和交互式方法，通过数据透视表可形象地呈现表格数据的汇总结果。

1）创建数据透视表

创建数据透视表的方法是：选择“插入”选项卡，在“表格”组中单击“数据透视表”按钮，弹出“创建数据透视表”对话框，如图 8-12 所示，在对话框中先选中“选择一个表或区域”单选按钮，在“表/区域”文本框中手工输入或使用区域选择按钮来设置创建数据透视表的数据区域（也可通过选中“使用外部数据源”单选按钮来设置相应的外部数据源），再选中“现有工作表”单选按钮，在“位置”文本框中以类似的方法设置数据透视表在现有工作表中的存放位置（或通过选中“新工作表”单选按钮将数据透视表放置到新工作表中），单击“确定”按钮创建数据透视表。

生成如图 8-13 所示的数据透视表设置界面，其中左侧为一个空的数据透视表，右侧为“数据透视表字段列表”窗格。在右侧的“数据透视表字段列表”窗格中按要求将该窗格上方的数据字段名全部或部分拖放到该窗口下方的几个空白区域中完成数据透视表设置过程。随着拖放的字段不同，会生成相应的数据透视表，其中“列标签”区域中的“数值”项是在设置其他区域的字段后自动生成的。

图 8-12　"创建数据透视表"对话框

图 8-13　数据透视表设置界面

2）创建数据透视图

数据透视表只是以汇总表格的形式来表示汇总结果，还可以在创建数据透视表的同时创建基于此数据透视表的数据透视图。数据透视图可与数据透视表同时生成，也可以为已有的数据透视表生成数据透视图。

同时创建数据透视表和数据透视图的方法是：选择"插入"选项卡，在"表格"组中单击"数据透视表"下拉按钮，在弹出的下拉列表中选择"数据透视图"命令，弹出"创建数据透视表及数据透视图"对话框，如图 8-14 所示，剩余步骤与创建数据透视表类似。

图 8-14　"创建数据透视表及数据
透视图"对话框

为已有的数据透视表创建与其对应的数据透视图的方法是：鼠标定位在数据透视表中任意单元格，选择"数据透视表工具"选项卡下的"选项"子选项卡，在"工具"组中单击"数据透视图"按钮，在弹出的"插入图表"对话框中选择适合的图表类型，单击"确定"按钮完成数据透视图插入。

3）编辑数据透视表

数据透视表创建好以后，除了通过"数据透视表字段列表"窗格来调整数据透视表的数据字段外，还需要对创建好的数据透视表做进一步的编辑操作。

（1）数据透视表字段设置

常用的关于数据透视表字段的设置主要分为两种：修改字段名称和修改字段汇总方式。修改字段汇总方式主要是针对创建透视表时位于"数据"区域的字段，而位于其余区域的字段操作则主要是修改字段名称。

修改字段名称的方法：单击数据透视表中需要修改的字段名称或该字段中的某个数据，选择"数据透视表工具"选项卡下的"选项"子选项卡，单击"活动字段"组中"字段设置" 👥字段设置 按钮，弹出"字段设置"对话框，如图 8-15 所示，在"自定义名称"文本框中输入新的字段名称，单击"确定"按钮完成修改。

修改字段汇总方式的方法：用鼠标单击数据透视表中需要修改的汇总字段名称或该汇总字段中的某个数据，选择"数据透视表工具"选项卡下的"选项"子选项卡，单击"活动字段"组中"字段设置" 按钮，弹出"值字段设置"对话框，如图 8-16 所示，可在"自定义名称"文本框中输入新的字段名称，可在下方的"计算类型"列表框中选择相应的选项来修改当前字段的汇总方式，还可单击"数字格式"按钮对汇总结果的格式进行设置，单击"确定"按钮完成修改。

（2）设置数据透视表选项

对数据透视表的设置或编辑还包括数据透视表的显示设

图 8-15　"字段设置"对话框

置、布局和格式设置、数据设置等，设置方式：鼠标单击数据透视表中任意单元格，选择"数据透视表工具"选项卡下的"选项"子选项卡，单击"数据透视表"组中"选项" 选项按钮，弹出"数据透视表选项"对话框，如图 8-17 所示，在相应的标签页面进行设置即可，完成设置后单击"确定"按钮。

图 8-16　"值字段设置"对话框

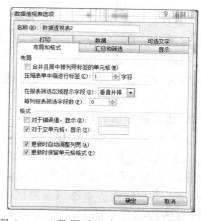

图 8-17　"数据透视表选项"对话框

（3）删除数据透视表选项

数据透视表在使用完成后可以删除，而且删除数据透视表操作不会对原始数据源有任何影响。不能通过删除单元格的方法来删除透视表，而需要通过选中包含数据透视表区域的单元格区域并删除该区域的方法。

3．工作表的保护

保护工作表功能主要用于防止他人在浏览数据时对某些单元格的数据进行修改或删除。工作表保护通常用于保护处于"锁定"状态的单元格区域，因此，要对某个单元格区域设置工作表保护格式，需要先将该区域设置为"锁定"状态。该区域可以是整张工作表，也可是工作表中的一部分区域。当设置工作表保护格式后，保护区域的单元格就不能进行任何修改操作。

设置工作表保护格式的方法是：选定要设置工作表保护格式的单元格区域，右击弹出快捷菜单，选择"设置单元格格式"命令，在弹出的"设置单元格格式"对话框的"保护"选项卡中复选"锁定"按钮，单击"确定"按钮退出，单击"审阅"选项卡，在"更改"组中单击"保护工作表"按钮，弹出"保护工作表"对话框，如图 8-18 所示，设置取消保护时的密码，其他保持默认值，单击"确定"按钮后再次输入密码完成保护操作。

注意：在 Excel 中，默认状态下整个工作表区域都处于"锁定"状态，若想保护部分工作表区域，则应先将整个工作的"锁定"状态取消，再将需要保护的区域设置为"锁定"状态后再进行保护操作。

图 8-18　"保护工作表"对话框

三、实验内容

在 D 盘的根目录下新建一个以本人学号和姓名为文件名的作业文件夹，文件夹名称例如："2010030100001 张三"，下称这个文件夹为作业文件夹，请严格按照要求命名。

小王今年毕业后，在一家计算机图书销售公司担任市场部助理，主要的工作职责是为部门经理提供销售信息的分析和汇总。

请根据销售统计表（"Excel.xlsx"文件），按照如下要求完成统计和分析工作，保存到作业文件夹下：

（1）将"Sheet1"工作表重命名为"销售情况"，将"Sheet2"重命名为"图书定价"。

（2）在"销售情况"工作表中的"图书名称"列右侧插入一个空列，输入列标题为"单价"。

（3）将工作表标题跨列合并后居中并设置其字体为黑体、24 号，蓝色。

（4）设置数据表对齐方式为水平及垂直方向居中，单价和小计的数值格式（保留 2 位小数）。

（5）根据图书编号，请在"销售情况"工作表的"单价"列中，使用 VLOOKUP 函数完成图书单价的填充。"单价"和"图书编号"的对应关系在"图书定价"工作表中。

（6）运用公式计算工作表"销售情况"中 H 列的小计（小计=单价*销量（本））。

（7）为工作表"销售情况"中的销售数据创建一个数据透视表，放置在一个名为"数据透视分析"的新工作表中，要求针对各书店比较各类书每天的销售额。其中：书店名称为列标签，日期和图书名称为行标签，并对销售额求和。

（8）保存为"Excel.xlsx"文件。

四、实验步骤

在 D 盘的根目录下新建一个以本人学号和姓名为文件名的作业文件夹，文件夹名称例如："2010030100001 张三"，下称这个文件夹为作业文件夹，请严格按照要求命名。

小王今年毕业后，在一家计算机图书销售公司担任市场部助理，主要的工作职责是为部门经理提供销售信息的分析和汇总。

请根据销售统计表（"Excel.xlsx"文件），按照如下要求完成统计和分析工作，保存到作业文件夹下：

（1）将"Sheet1"工作表重命名为"销售情况"，将"Sheet2"重命名为"图书定价"。

步骤：右击工作表"Sheet1"标签，在弹出的快捷菜单中选择"重命名"命令；或者双击"Sheet1"，当工作表标签变成如图 8-19 所示的可编辑状态时，输入新工作表名"销售情况"，同样的方法将"Sheet2"重命名为"图书定价"。

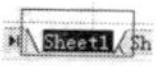

Sheet1

图 8-19　工作表标签可编辑状态

（2）在"销售情况"工作表中的"图书名称"列右侧插入一个空列，输入列标题为"单价"。

步骤 1：将鼠标定位在"销量（本）"列中的任意单元格，选择"开始"选项卡→"单元格"组，单击"插入"下拉按钮，在弹出的下拉列表中单击"插入单元格"命令，在弹出的"插入"对话框中选择插入整列空白单元格。

步骤 2：输入列标题为"单价"。

（3）将工作表标题跨列合并后居中并设置其字体为黑体、24 号，蓝色。

步骤：选中要合并的单元格（此处为 A1 到 H1），右击弹出快捷菜单，选择"设置单元格格式"命令，弹出"设置单元格格式"对话框，选择"对齐"选项卡，"文本对齐方式"区，水平对齐选择"居中"，"文本控制"区，选择"合并单元格"，选择"字体"选项卡设置字体格式为黑体、24 号，蓝色。

（4）设置数据表对齐方式为水平及垂直方向居中，单价和小计的数值格式（保留 2 位小数）。

步骤：选中数据表，右击，在弹出的快捷菜单中选择"设置单元格格式"命令，弹出"设置单元格格式"对话框，选择"对齐"选项卡，"文本对齐方式"区设置对齐方式，选中单价和小计两列数据后用"数字"选项卡设置数值格式。

（5）根据图书编号，请在"销售情况"工作表的"单价"列中，使用 VLOOKUP 函数完成图书单价的填充。"单价"和"图书编号"的对应关系在"图书定价"工作表中。

步骤 1：鼠标定位在 F3 单元格，选择"公式"选项卡，在"函数库"组中单击"查找与引用"函数下拉按钮，在弹出的下拉列表中选择 VLOOKUP 函数，弹出 VLOOKUP 函数的"函数参数"对话框，设置参数值：lookup_value 设置为每个订单对应的图书编号，此处为 D3 单元格；table_array 设置为"图书定价"工作表除标题外的所有数据区域；col_index_num 设置为 3，因为单价在第 3 列上，range_lookup 设置为 true，精确匹配，如图 8-20 所示，单击"确定"输入函数返回该订单图书单价。

步骤 2：使用填充柄填充 F4:F33 单元格，求出所有订单对应的图书价格。

（6）运用公式计算工作表"销售情况"中 H 列的小计（小计=单价*销量（本））。

步骤 1：将光标定位在"H3"单元格中，输入如下公式"= F3*G3"，按【Enter】键即可。

注意：F3 和 G3 不需要手工输入，通过鼠标单击选中对应的单元格实现其输入。

步骤 2：运用填充柄填充剩下来的 H4 到 H33 单元格。

（7）为工作表"销售情况"中的销售数据创建一个数据透视表，放置在一个名为"数据透视分析"的新工作表中，要求针对各书店比较各类书每天的销售额。其中：书店名称为列标签，日期和图书名称为行标签，并对销售额求和。

步骤 1：选择"插入"选项卡，在"表格"组中单击"数据透视表"按钮，弹出"创建数据透视表"对话框，在对话框中先选中"选择一个表或区域"单选按钮，在"表/区域"文本框中手工输入或使用区域选择按钮来设置创建数据透视表的数据区域为"销售情况!$A$2:$H$33"，再选中"新工作表"单选按钮将数据透视表放置到新工作表中，如图 8-21 所示，单击"确定"按钮创建数据透视表。

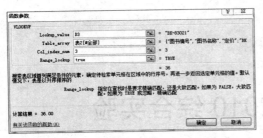

图 8-20 "函数参数"对话框 图 8-21 "创建数据透视表"对话框

步骤 2：根据题目要求设置数据透视表的选项书店名称为列标签，日期和图书名称为行标签，并对销售额求和，生成的数据透视表如图 8-22 所示。

步骤 3：将工作表 Sheet1 重命名为"数据透视分析"。

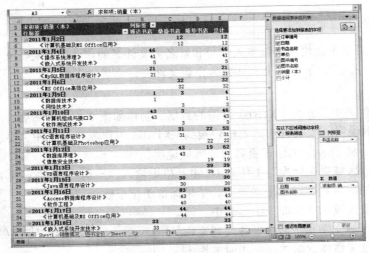

图 8-22 数据透视表

（8）保存为"Excel.xlsx"文件。

实验九 Excel 2010 综合实验

一、实验目的

综合使用 Excel 对数据表进行操作。

二、实验内容

在 D 盘的根目录下新建一个以本人学号和姓名为文件名的作业文件夹，文件夹名称例如："2010030100001 张三"，下称这个文件夹为作业文件夹，完成以下内容：

实验 1

根据素材文件夹中工作簿 EX1.xlsx 提供的数据，制作如图 9-1 所示图表，具体要求如下：

（1）将"区域说明.rtf"文件中的表格转换到 EX1.xlsx 工作表 Sheet1 中，要求数据自第一行第一列开始存放，将 Sheet1 工作表更名为"区域说明"。

（2）在"城市区域噪声标准"工作表 D2 单元格中输入"平均"，在 D3:D7 各单元格中，利用公式分别计算相应区域类别日平均噪声，结果保留 1 位小数。

（3）在"城市区域噪声标准"工作表中，设置 A2:D7 单元格区域文字水平居中、各列列宽均为 12，并为 A2 单元格建立超链接，指向工作表"区域说明"。

（4）根据"城市区域噪声标准"工作表 B2:B7 单元格区域数据生成一张"簇状圆柱图"，嵌入当前工作表中，要求系列产生在列，X 分类轴标志为区域类别（即 A3:A7 单元格区域），图表标题为"城市区域昼间噪声标准"，数据标志显示值；

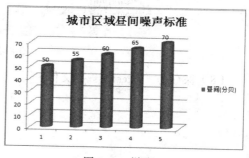

图 9-1　样张 1

（5）将工作簿以文件名为 EX1，文件类型为 Excel 工作簿（*.xlsx），存放于作业文件夹中。

实验 2

根据素材文件夹中"干洁大气成份表.htm"提供的数据，制作如图 9-2 所示图表，具体要求如下：

（1）将"干洁大气成份表.htm"中的表格数据转换到 EX2.xlsx 的"大气成份"工作表中，要求数据自第二行第一列开始存放。

（2）将"容积百分比"列的数据设置为保留 3 位小数的百分比格式。

（3）在"大气成份"工作表 E4:E6 各单元格中，利用公式分别计算相应气体的质量（某气体质量＝氮的质量×某气体质量百分比／氮质量百分比），要求使用绝对地址引用必要的单元格，结果保留 2 位小数。

（4）根据工作表 A2:A6 及 E2:E6 单元格区域数据，生成一张"带数据标记的折线图"，嵌入"大气成份"工作表中，要求系列产生在列，图表标题为"大气成份质量分析"，不显示图例，数据标志显示值。

（5）将工作簿以文件名为 EX2，文件类型为 Excel 工作簿（*.xlsx），存放于作业文件夹中。

实验 3

根据素材文件夹中工作簿 EX3.XLS 提供的数据，制作如图 9-3 所示图表，具体要求如下：

（1）在 Sheet1 工作表中，将 A1:J1 单元格区域合并及居中，在其中添加文字"主要食物营养成份表"，设置字体格式为楷体、20 号、绿色。

（2）在 Sheet1 工作表的 A25 单元格中，输入"叶菜类平均含量"，在 C25 和 D25 单元格中，利用公式分别计算叶菜类食物的蛋白质平均含量和脂肪的平均含量，结果保留 3 位小数。

（3）在 Sheet1 工作表中，隐藏根茎类的全部记录。

（4）根据 Sheet1 工作表 B20:C24 单元格区域数据，生成一张"簇状柱形图"，嵌入当前工作表中，要求系列产生在行，图例靠左，标题为"部分叶菜蛋白质含量"，数据标志显示值，X 分类轴标志为 C3 单元格值。

（5）将工作簿以文件名为 EX3，文件类型为 Excel 工作簿（*.xlsx），存放于作业文件夹中。

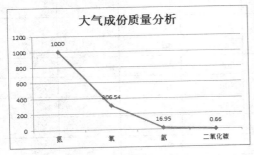

图 9-2　样张 2

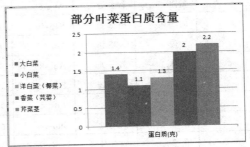

图 9-3　样张 3

实验 4

根据素材文件夹中工作簿 EX4.XLS 提供的数据，制作如图 9-4 所示图表，具体要求如下：

（1）在 Sheet1 工作表中，将 A1:I1 单元格区域合并及居中，在其中添加文字"菌类食物营养成份表"，设置其字体格式为隶书、20 号、红色。

（2）在 Sheet1 工作表 A7 单元格中输入"平均"，在 B7:I7 各单元格中，利用公式分别计算相应成份的平均值，结果保留 2 位小数。

（3）在 Sheet1 工作表中，设置 A3:I7 单元格区域文字水平居中，设置外边框为红色双线，内框线为黑色最细单线。

（4）根据 Sheet1 工作表 A3:I3 及 A6:I6 单元格区域数据，生成一张"簇状柱形图"，嵌入当前工作表中，要求系列产生在列，标题为"香菇的营养成份含量"，数据标志显示值。

（5）将工作簿以文件名为 EX4，文件类型为

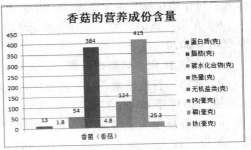

图 9-4　样张 4

Excel 工作簿（*.xlsx），存放于作业文件夹中。

实验 5

新建工作簿以文件名为 EX5，文件类型为 Excel 工作簿（*.xlsx），存放于作业文件夹中。按照表 9-1 所示要求制作 Excel 工作簿。

表 9-1　2008 年 6 月工资表

编号	姓名	部门	出生年月	基本工资	奖金	扣除	应发工资	实发工资
	李强	人事处	Oct-82	520	456	100		
	张洪	教务处	Dec-56	470	387	90		
	赵丽	人事处	May-83	560	427	110		
	刘兵	财务处	Jan-92	800	389	68		
	王敏	教务处	Jun-87	720	409	94		
	申一铭	人事处	Jun-78	900	230	52		
	马琳	人事处	Sep-88	890	250	30		
	林强	财务处	Feb-71	820	300	60		
	叶宏	财务处	Aug-77	880	320	40		
	黄凯	教务处	Aug-65	980	120	20		
	周一兵	财务处	Sep-56	1000	260	80		
	杜俊	人事处	Jan-77	1100	240	70		
	韩林	教务处	Aug-83	870	200	30		
	吴兵	财务处	Sep-85	790	400	10		
	姜吉	财务处	Jul-84	760	330	20		
	江维	人事处	Jun-93	690	260	10		
	蒋平	财务处	Apr-86	600	410	20		
	魏小楷	财务处	Aug-55	700	330	30		
	苗苗	教务处	Apr-57	750	220	35		
	贝贝	人事处	Aug-66	900	270	100		
	合计							

（1）数据计算及格式设置：

a．将"2008 年 6 月工资表"表格数据复制到所建工作簿文件的工作表 Sheet1 中，从第一行第一列开始存放，将工作表 Sheet1 改名为"2008 年 6 月工资表"。

b．在第一条记录的"编号"单元格中输入 0001（数字字符串），自动填充后续记录的编号为 0002－0020。

c．在第 H 列左侧新增一列，输入列标题"税款"。

d．在第一行前新增一行，将该行单元格 A1:J1 做合并单元格处理，在合并后的单元格中输入标题"2008 年 6 月工资表"。

e．设置标题文字格式为黑体、加粗、16 号、水平居中，设置表格中列标题文字格式为楷体、加粗、12 号、水平居中，列单元格以浅蓝色填充。

f．给数据清单加线框（标题除外），外框用较粗实线，内框用较细实线。

g．在"2008 年 6 月工资表"中每条记录的"应发工资"，"税款"，"实发工资"单元格中数据按以下公式计算生成：

应发工资＝基本工资＋奖金－扣除

税款＝应发工资×0.03（当应发工资＜1000 时）

或＝应发工资×0.05（当应发工资≥1000 时）

（要求：税款计算使用 IF 函数完成）

实发工资＝应发工资－税款

h．在"2008 年 6 月工资表"最后一行用公式计算所有记录的"基本工资"和"奖金"的平均值。

i．设置"实发工资"列的数据格式为：使用货币符号￥，小数部分为 0。

j．设置"2008 年 6 月工资表"的页面格式：页面方向为横向，左、右页边距均为 0.9 cm。

（2）数据排序：将"2008 年 6 月工资表"中数据清单复制到工作表 Sheet2 中，在 Sheet2 中按主关键字为"部门"以自定义序列（财务处，人事处，教务处）排序、次关键字为"实发工资"以递减排序。将工作表 Sheet2 改名为"2008 年 6 月工资排序表"。

（3）分类汇总：将"2008 年 6 月工资表"中数据清单复制到 Sheet3 中，在 Sheet3 中按部门以自定义序列（财务处，人事处，教务处）生成"税款"总和、"实发工资"总和的分类汇总项。将工作表 Sheet3 改名为"2008 年 6 月部门工资汇总表"。

（4）数据筛选：

a．自动筛选：插入一新工作表 Sheet1，将"2008 年 6 月工资表"数据清单复制到 Sheet1 中，使用自动筛选命令生成满足"实发工资＜1000"条件的所有记录。将工作表 Sheet1 改名为"2008 年 6 月工资筛选表 1"。

b．高级筛选：插入一个新的工作表 Sheet1，将"2008 年 6 月工资表"中工资表数据清单复制到 Sheet1 中，使用高级筛选命令生成满足"奖金 ＞250"并且"实发工资 ＞1000"条件的所有记录。将工作表 Sheet1 改名为"2008 年 6 月工资筛选表 2"。

（5）创建图表：插入一新的工作表 Sheet1，将表 9-2 所示"历年工资表"中数据复制到 Sheet1 中，将工作表 Sheet1 改名为"2005—2007 年工资表"。以"2005—2007 年工资表"中数据作为数据源创建一个类型为"折线图"的图表，要求设定分类轴为"年份"，系列产生在"行"上。

表 9-2　历年工资表

姓　　名	2005 年	2006 年	2007 年
李强	800	900	1100
张洪	850	980	1250
赵丽	720	880	1050
刘兵	900	1000	1300
王敏	600	800	950
申一铭	900	1200	1500
马琳	950	1250	1550
林强	780	850	1200
叶宏	890	1090	1600
黄凯	700	800	900

★实验 6

小蒋是一位中学教师，在教务处负责初一年级学生的成绩管理。由于学校地处偏远地区，缺乏必要的教学设施，只有一台配置不太高的 PC 可以使用。他在这台电脑中安装了 Microsoft Office，决定通过 Excel 来管理学生成绩，以弥补学校缺少数据库管理系统的不足。现在，第一学期期末考试刚刚结束，小蒋将初一年级三个班的成绩均录入了文件名为"学生成绩单.xlsx"的 Excel 工作簿文档中。

请根据下列要求帮助小蒋老师对该成绩单进行整理和分析：

（1）对工作表"第一学期期末成绩"中的数据列表进行格式化操作：将第一列"学号"列设为文本，将所有成绩列设为保留两位小数的数值；适当加大行高列宽，改变字体、字号，设置对齐方式，增加适当的边框和底纹以使工作表更加美观。

（2）利用"条件格式"功能进行下列设置：将语文、数学、英语三科中不低于 110 分的成绩所在的单元格以一种颜色填充，其他四科中高于 95 分的成绩以另一种字体颜色标出，所用颜色深浅以不遮挡数据为宜。

（3）利用 SUM 和 AVERAGE 函数计算每一个学生的总分及平均成绩。

（4）学号第 3、4 位代表学生所在的班级，例如："120105"代表 12 级 1 班 5 号。请通过函数提取每个学生所在的班级并按下列对应关系填写在"班级"列中：

"学号"的 3、4 位	对应班级
01	1 班
02	2 班
03	3 班

（5）复制工作表"第一学期期末成绩"，将副本放置到原表之后；改变该副本表标签的颜色，并重新命名，新表名需包含"分类汇总"字样。

（6）通过分类汇总功能求出每个班各科的平均成绩，并将每组结果分页显示。

（7）以分类汇总结果为基础，创建一个簇状柱形图，对每个班各科平均成绩进行比较，并将该图表放置在一个名为"柱状分析图"新工作表中。

（8）保存"第一学期期末成绩"文件。

★实验 7

小李今年毕业后，在一家计算机图书销售公司担任市场部助理，主要的工作职责是为部门经理提供销售信息的分析和汇总。

请根据销售数据报表（"Excel.xlsx"文件），按照如下要求完成统计和分析工作：

（1）请对"订单明细"工作表进行格式调整，通过套用表格格式方法将所有的销售记录调整为一致的外观格式，并将"单价"列和"小计"列所包含的单元格调整为"会计专用"（人民币）数字格式。

（2）根据图书编号，请在"订单明细"工作表的"图书名称"列中，使用 VLOOKUP 函数完成图书名称的自动填充。"图书名称"和"图书编号"的对应关系在"编号对照"工作表中。

（3）根据图书编号，请在"订单明细"工作表的"单价"列中，使用 VLOOKUP 函数完成图书单价的自动填充。"单价"和"图书编号"的对应关系在"编号对照"工作表中。

（4）在"订单明细"工作表的"小计"列中，计算每笔订单的销售额。

（5）根据"订单明细"工作表中的销售数据，统计所有订单的总销售金额，并将其填写在

"统计报告"工作表的 B3 单元格中。

（6）根据"订单明细"工作表中的销售数据，统计《MS Office 高级应用》图书在 2012 年的总销售额，并将其填写在"统计报告"工作表的 B4 单元格中。

（7）根据"订单明细"工作表中的销售数据，统计隆华书店在 2011 年第 3 季度的总销售额，并将其填写在"统计报告"工作表的 B5 单元格中。

（8）根据"订单明细"工作表中的销售数据，统计隆华书店在 2011 年的每月平均销售额（保留 2 位小数），并将其填写在"统计报告"工作表的 B6 单元格中。

（9）保存为"Excel.xlsx"文件。

实验十 PowerPoint 2010 演示文稿制作

一、实验目的

（1）基本操作：利用向导制作演示文稿、幻灯片插入、删除、复制、移动及编辑、插入文本框、图片及其他对象；

（2）文稿修饰：文字、段落、对象格式设置、幻灯片模板、标题模板、讲义模板和备注模板设置、配色方案、背景、应用设计模板设置。

（3）动画设置：幻灯片内动画设置、幻灯片间切换效果设置；

（4）超级链接：超级链接的插入、删除、编辑、动作按钮设置；

（5）演示文稿放映：放映方式设置。

二、实验要点简述

1. PowerPoint 2010 的启动

启动 PowerPoint 2010 有以下三种方法：

方法一：单击"开始"→"所有程序"→"Microsoft Office"→"Microsoft PowerPoint 2010"选项。

方法二：双击桌面上的"Microsoft PowerPoint 2010"快捷图标。

方法三：在"资源管理器"或"计算机"中，双击已存在的演示文稿（扩展名为 pptx 的文件），即可启动 PowerPoint 2010，并同时打开该演示文稿。

2. 退出 PowerPoint 2010

退出 PowerPoint 2010 有以下四种方法：

方法一：单击 PowerPoint 标题栏右端的"关闭"按钮 ▆✕▆。

方法二：双击标题栏左上角的"控制菜单"按钮 ▣。

方法三：选择"文件"选项卡，在左侧窗格中单击"退出"命令。

方法四：按【Alt+F4】组合键。

3. 认识 PowerPoint 2010 的工作界面

PowerPoint 2010 的窗口如图 10-1 所示，其中主要包括：标题栏、快速访问工具栏、"开始"选项卡、选项卡、功能区、大纲窗格、幻灯片窗格、备注窗格和状态栏等。

1）标题栏

标题栏位于窗口顶端，用来显示当前演示文稿的标题，主要包括控制菜单按钮 ▣、当前演示文稿名称、程序名和"最小化"按钮、"最大化/还原"按钮、"关闭"按钮。

2）快速访问工具栏

快速访问工具栏包含一组常用命令按钮，位于标题栏左侧，它是可自定义的工具栏。若要向快速启动工具栏添加命令按钮，可右击需添加的按钮，在弹出的快捷菜单中选择"添加到快速启动工具栏"命令，这时，在快速启动工具栏上将出现该按钮。这样，使用该按钮将更加方便快捷。

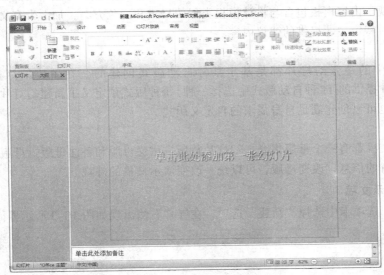

图 10-1　PowerPoint 2010 工作界面

3）"开始"选项卡

"开始"选项卡位于最前端，集成了 PowerPoint 2010 演示文稿制作中最为常用的命令。

4）功能区

功能区包含了 PowerPoint 2003 及更早版本中菜单栏和工具栏上的命令和其他菜单项，可以快速的找到所需命令，功能相当于早期版本中的菜单命令。

在功能区中，设置了包含任务的选项卡，每个选项卡中集成了各种操作命令，而这些命令根据完成任务的不同分布在各个不同选项组中，功能区中的每一个按钮可以执行一个具体的操作，或是显示下一级菜单命令。

5）视图按钮

在窗口右下角有 4 个视图切换按钮 ，从左至右依次是"普通视图"、"幻灯片浏览视图"、"阅读视图"和"幻灯片放映视图"，也可以在"视图"选项卡的"演示文稿视图"组中选择其他方式，例如"备注页"，如图 10-2 所示，适用于不同场合的需求。

图 10-2　"演示文稿视图"组

4．PowerPoint 2010 的常用术语

1）演示文稿

由 PowerPoint 2010 创建的文档称为演示文稿，以.pptx 为文件扩展名。

2）幻灯片

演示文稿中的每一单页称为一张幻灯片，每张幻灯片都是演示文稿中既相互独立又相互联系的内容。制作一个演示文稿的过程就是依次制作一张张幻灯片的过程，每张幻灯片中既可以包含常用的文字和图表，还可以包含声音和视频图像。

3）模板

模板是指预先定义好格式的演示文稿。PowerPoint 提供了两种模板：设计模板和内容模板。设计模板包含预定义的格式和配色方案，以及幻灯片背景图案等，可以应用到任意演示文稿中创建独特的外观。内容模板包含与设计模板类似的格式和配色方案，加上带有文本的幻灯片，文本中包含针对特定主题提供的建议内容。

4）版式

演示文稿中的每张幻灯片都是基于某种自动版式创建的。在新建幻灯片时，可以从 PowerPoint 2010 提供的 11 种自动版式中选择一种。每种版式预定义了新建幻灯片的各种占位符布局情况用户也可以创建满足自身需求的自定义版式。

5）母版

每个演示文稿都有一个母版集合：幻灯片母版、讲义母版和备注母版。母版中的信息都是演示文稿中共有的信息，改变母版，可以统一改变演示文稿的外观。

5．新建演示文稿

在"文件"选项卡中选择"新建"选项，在屏幕右侧出现如图 10-3 所示界面。

图 10-3　新建演示文稿

在"可用的模板和主题"列表中有"空白演示文稿"、"样本模板"、"主题"和"我的模板"等选项，这些是新建演示文稿的主要方法。

1）使用"空白演示文稿"新建演示文稿

在"可用的模板和主题"列表中选择"空演示文稿"选项，单击窗口右侧的"创建"按钮，PowerPoint 会打开一个没有任何设计方案和示例，只有默认版式（"标题和文本"版式）的空白幻灯片，如图 10-4 所示。给这张幻灯片添加内容与简单修饰，第一张幻灯片即可完成。

2）根据设计模板新建演示文稿

在"可用的模板和主题"列表中选择"样本模板"选项，显示"样本模板"列表，如图 10-5 所示，在列表中选用一种现有的模板，单击窗口右侧的"创建"按钮新建演示文稿。

模板是系统提供已经设计好的演示文稿，PowerPoint 2010 提供多种丰富多彩的内置模板。

图 10-4　空白演示文稿

图 10-5　"样本模板"列表

3）根据自定义模板创建新演示文稿

在"可用的模板和主题"列表中选择"我的模板"选项，弹出"新建演示文稿"对话框，如图 10-6 所示，可根据需要设计演示文稿，并存为模板备用。

图 10-6　"新建演示文稿"对话框

4）根据主题创建新演示文稿

在"可用的模板和主题"列表中选择"主题"选项，显示"主题"列表，如图 10-7 所示，在列表中选用一种现有的主题，单击窗口右侧的"创建"按钮新建演示文稿。

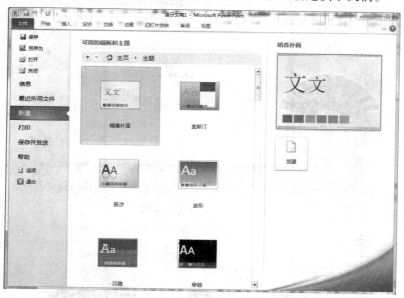

图 10-7　"主题"列表

主题是指预先定义好的演示文稿样式，其中背景图案、配色方案、文本格式、标题层次都是已经设计好的。PowerPoint 2010 提供了多种不同风格的主题，方便用户制作演示文稿。

6. 幻灯片的基本编辑

1）添加幻灯片

一张幻灯片制作完成后，如果还要继续制作下一张，可先保存原幻灯片文件，（幻灯片文件后缀名 pptx），然后选择"开始"选项卡，在"幻灯片"组中单击"新建幻灯片"按钮，页面上即可出现一张新幻灯片，它套用了前一张幻灯片的版式，也可以另选不同版式。

或按【Ctrl+M】快捷组合键也可以添加一张新的幻灯片。

2）插入：在已有的两张幻灯片之间插入一张幻灯片

在左侧大纲窗格区中，右击两张幻灯片的前一张，在弹出的快捷菜单中选择"新建幻灯片"，则新幻灯片插入在之前两张幻灯片之间。

3）删除幻灯片

在窗口左侧的"幻灯片"窗格中选中要删除的幻灯片，按【Delete】键或右击弹出快捷菜单，选择"删除幻灯片"命令即可。

4）复制幻灯片

在窗口左侧的"幻灯片"窗格中选中要复制的幻灯片，右击弹出快捷菜单，选择"复制幻灯片"命令，将在选定的幻灯片后面复制出新的幻灯片。

或按【Ctrl】键，用鼠标拖动要复制的幻灯片到复制位置来复制幻灯片。

5）移动幻灯片

用鼠标拖动要移动的幻灯片到插入位置。

6）隐藏幻灯片

在窗口左侧的"幻灯片"窗格中选中要隐藏的幻灯片，选择"幻灯片放映"选项卡，在"设置"组中单击"隐藏幻灯片选项"按钮。

7. 保存演示文稿

单击快速访问工具上的"保存"按钮，如果是第一次保存，将弹出"另存为"对话框，如图 10-8 所示，选定保存文件的文件夹，输入文件名，确定保存类型，单击"保存"按钮保存演示文稿。

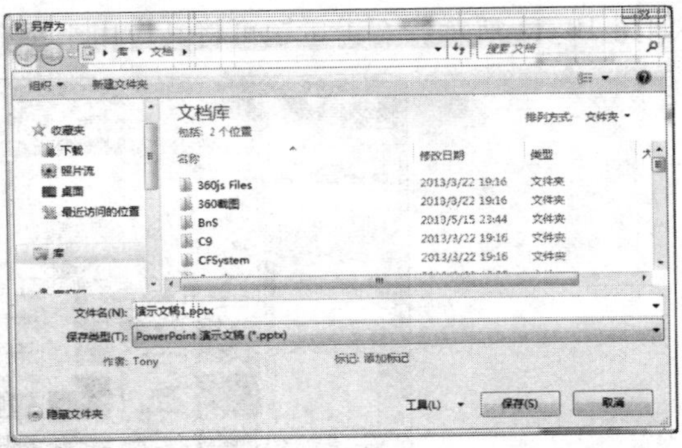

图 10-8　"另存为"对话框

8. 演示文稿的编辑

1）幻灯片版式

幻灯片版式包含了要在幻灯片上显示的全部内容的格式、位置和占位符，版式设计是幻灯片制作中的一个重要的环节，通过在幻灯片中巧妙安排多个对象的位置，能够达到更好地吸引观众注意力的目的。

幻灯片版式的使用方法有两种。

方法一：选择"开始"选项卡，在"幻灯片"组中单击"新建幻灯片"下拉按钮，在弹出的下拉列表中根据需求为新建幻灯片选择一种版式，如图 10-9 所示。

方法二：在演示文稿制作过程中也可以更改已有幻灯片的版式，选择需要修改的幻灯片，在"开始"选项卡，"幻灯片"组中单击"版式"下拉按钮，在弹出的下拉列表中根据需求选择一种新版式，如图 10-10 所示。

图 10-9　"新建幻灯片"下拉列表

图 10-10　"版式"下拉列表

2）幻灯片主题

为使演示文稿中所有幻灯片具有一致的外观，可以通过应用一种主题的方式达到演示文稿效果统一的目的。

应用主题的方法是：选择"设计"选项卡，在"主题"组列表中根据需求选择一种主题，如图 10-11 所示，右击主题可将其应用于所有幻灯片也可将其只应用于当前幻灯片。

图 10-11 "主题"下拉列表

3）编辑主题方案

主题方案是一组用于演示文稿中的预设颜色，分别针对背景、文本和线条、阴影、标题文本、填充、强调文字和超级链接等，方案中每种颜色都会自动应用于幻灯片上不同组件，可以选择一种方案应用于所有幻灯片也可将其只应用于当前幻灯片。

应用主题颜色的方法是：选择"设计"选项卡，在"主题"组中单击"颜色"下拉按钮，如图 10-12 所示，在弹出的"颜色"下拉列表中选择合适的主题颜色，右击颜色可将其应用于所有幻灯片也可将其只应用于当前幻灯片。

新建主题颜色的方法是：选择"设计"选项卡，在"主题"组中单击"颜色"下拉按钮，如图 10-12 所示，在弹出的"颜色"下拉列表中单击"新建主题颜色"命令，弹出"新建主题颜色"对话框，如图 10-13 所示，在此对话框中自定义新的主题颜色，输入名称，单击"保存"按钮。

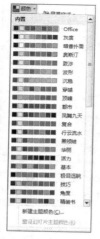

图 10-12 "颜色"下拉列表

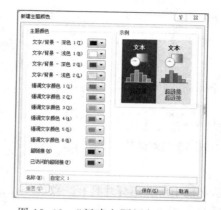

图 10-13 "新建主题颜色"对话框

　　应用主题字体的方法是：选择"设计"选项卡，在"主题"组中单击"字体"下拉按钮，如图 10-14 所示，在弹出的"字体"下拉列表中选择合适的主题字体，右击字体可将其应用于所有幻灯片。

　　新建主题字体的方法是：选择"设计"选项卡，在"主题"组中单击"字体"下拉按钮，如图 10-14 所示，在弹出的"字体"下拉列表中单击"新建主题字体"命令，弹出"新建主题字体"对话框，如图 10-15 所示，在此对话框中自定义新的主题字体，输入名称，单击"保存"按钮。

　　应用主题效果的方法是：选择"设计"选项卡，在"主题"组中单击"效果"下拉按钮，如图 10-16 所示，在弹出的"效果"下拉列表中选择合适的主题效果，右击某个效果可将其应用于所有幻灯片。

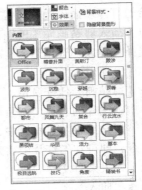

图 10-14　"字体"下拉列表　图 10-15　"新建主题字体"对话框　图 10-16　"效果"下拉列表

　　4）幻灯片背景

　　设置幻灯片背景的方法是：选择需要设置背景的幻灯片，选择"设计"选项卡，在"背景"组中单击"背景样式"下拉按钮，如图 10-17 所示，在弹出的"背景样式"下拉列表中选择合适的背景样式，右击某个背景样式可将其应用于所有幻灯片也可将其只应用于当前幻灯片。

　　也可以根据需要自定义背景，方法是：选择需要设置背景的幻灯片，选择"设计"选项卡，在"背景"组中单击"背景样式"下拉按钮，如图 10-17 所示，在弹出的"背景样式"下拉列表中单击"设置背景格式"命令，弹出"设置背景格式"对话框，如图 10-18 所示，在此对话框中自定义新的背景，单击"全部应用"按钮可将背景格式应用于整篇演示文稿否则只应用于当前幻灯片。

　　5）幻灯片母版

　　在 PowerPoint 2010 中在"视图"选项卡的"母版视图"组中有三种母版：幻灯片母版、讲义母版及备注母版。幻灯片母版控制着幻灯片的版式、背景颜色、某些文本的特征（字体、字形、字号、颜色）、项目符号和编号，以及占位符的大小、位置和格式等。也就是说，幻灯片母版的作用是为所有幻灯片设置默认版式和格式。如果需要修改多张幻灯片的外观，只需在幻灯片的母版上做一次修改就可以了，而不必一张一张地修改每张幻灯片。如果需要某些文本、图形等对象在每张幻灯片上都出现，比如公司的徽标和名称，只需将它们插入到幻灯片母版上即可。

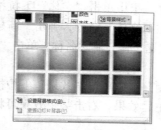

图 10-17 "背景样式"下拉列表

图 10-18 "设置背景格式"对话框

9. 图片、文字及其他对象的设置

1) 插入图片

给幻灯片中插入图片通常有两种方式：剪贴画和来自文件的图片。

（1）插入剪贴画库中的图片

选择"插入"选项卡，在"图像"组中单击"剪贴画"按钮，打开"剪贴画"任务窗格，如图 10-19 所示。

在"剪贴画"任务窗格，单击"搜索"按钮，或者在"搜索文字"文本框内，输入要插入幻灯片中的图片的名称，然后单击"搜索"按钮。

在"展开结果"显示区中，单击要插入的图片，或者单击插入图片右边下拉列表中的"插入"命令，即可在幻灯片中插入选中的图片。

（2）插入来自文件的图片

选择"插入"选项卡，在"图像"组中单击"图片"按钮，弹出"插入图片"对话框，如图 10-20 所示。

图 10-19 "剪贴画"任务窗格

图 10-20 "插入图片"对话框

只要图片是 Office 2010 支持的格式，就能将其插入到 PowerPoint 中。除常见的.bmp、.wmf、.jpg、.tif 等格式的图片外，PowerPoint 2010 可以在幻灯片中插入.gif 格式的动画图片。

2）插入图形

选择"插入"选项卡，在"插图"组中单击"形状"下拉按钮，弹出"形状"下拉列表，如图 10-21 所示，选择需要的形状在指定位置拖动鼠标到合适大小即可。

3）插入表格

在 PowerPoint 中插入表格的方法与在 Word 中创建表格的方法完全一样。

插入表格的方法是：选择"插入"选项卡，在"表格"组中单击"表格"命令，在"插入表格"面板中拖动鼠标设置表格的行数和列数。

★4）插入图表

图表是将表格数据内容图形化，在 PowerPoint 2010 中可以插入多种数据图表和图形，如柱形图、饼形图、面积图等。

插入图表的方法是：选择需要插入图表的幻灯片，选择"插入"选项卡，在"插图"组中单击"图表"按钮，弹出"插入图表"对话框，如图 10-22 所示，选择需要的图表类型，单击"确定"按钮。

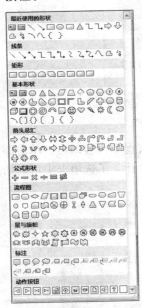

图 10-21　"形状"下拉列表

图 10-22　"插入图表"对话框

例如选择插入一幅"簇状柱形图"，系统会自动弹出 Excel 窗口用以输入相关数据内容，如图 10-23 所示。

★5）插入 SmartArt 图形

SmartArt 图形主要包括图形列表、流程图、关系图以及更为复杂的图形，例如维恩图和组织结构图。SmartArt 图形可以清楚地表示层级关系、附属关系、循环关系等。

插入 SmartArt 图形的方法是：选择需要插入 SmartArt 图形的幻灯片，选择"插入"选项卡，在"插图"组中单击"SmartArt"按钮，弹出"选择 SmartArt 图形"对话框，如图 10-24 所示，选择需要的布局，单击"确定"按钮。

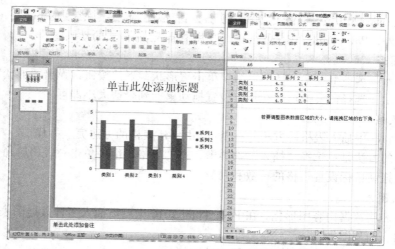

图 10-23 插入簇状柱形图

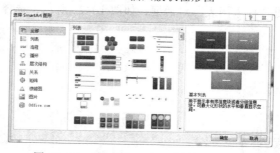

图 10-24 "选择 SmartArt 图形"对话框

例如添加一个流程图，如图 10-25 所示，在文本框中输入流程图内容即可，单击添加的流程图会出现"SmartArt 工具"选项卡，在其下的"格式"和"设计"子选项卡中可对插入的流程图进行各项设置操作。

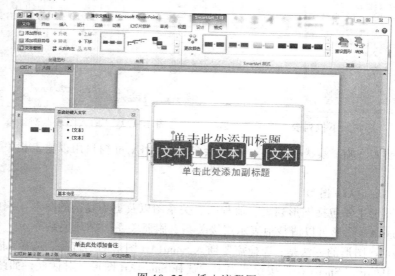

图 10-25 插入流程图

★6）插入声音和视频

为了使幻灯片更加活泼、生动，有时需要插入影片和声音。

插入声音的方法是：选择需要插入声音的幻灯片，选择"插入"选项卡，在"媒体"组中单击"音频"下拉按钮，在弹出的下拉列表中选择"文件中的音频"命令，如图 10-26 所示，弹出"插入音频"对话框，选择需要插入的音频文件，或选中"剪切画音频"命令，在打开的"剪切画"任务窗格中选取所需的音频文件，单击"确定"按钮。

插入声音文件后幻灯片中会出现一个喇叭图标，如图 10-27 所示。选中图标在出现的"音频工具"选项卡中对音频完成设置，如图 10-28 所示。

图 10-26　"音频"下拉列表

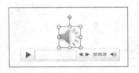

图 10-27　插入的音频文件

图 10-28　"音频工具"选项卡

在 PowerPoint 2010 中，如果插入的声音文件大于 100 KB，默认自动将声音链接到文件，而不是嵌入文件。演示文稿链接到文件后，为防止可能出现的链接问题，再插入声音文件前最好将声音文件复制到演示文稿所在的文件夹中。

在幻灯片中插入影片的操作与插入声音的操作类似。

10．设置幻灯片的动画效果

PowerPoint 中的动画都是以对象为单位，文本框、图片、图形、艺术字、图表、表格、动作按钮、视频和声音等都是 PowerPoint 的对象。为增加幻灯片放映时的生动性，可以对幻灯片中的各个对象设置各种动画效果，这样就可以突出重点，控制信息的流程并提高演示文稿的趣味性。

使用"自定义动画"制作动画效果的方法是：选择需要设置自定义动画的对象，选择"动画"选项卡，在"动画"组中单击"动画样式"下拉按钮，在弹出的下拉列表中选择合适的动画效果，如图 10-29 所示。

添加完动作效果后还可以对动画效果进行修改，选择"动画"选项卡，在"高级动画"组中单击"动画窗格"按钮，窗口右侧出现"动画窗格"，如图 10-30 所示，选择动画效果右侧下拉按钮或右击动画效果，在打开的菜单中进行动画效果的各项设置，如图 10-31 所示。

在下拉列表中选择"效果选项"，弹出"效果设置"对话框，如图 10-32 所示为"飞入"动画的效果设置对话框。

（1）对动画显示的对象添加增强效果

在"效果"选项卡的"动画播放后"列表中的一个选项。

（2）按字母、字或段落动画显示文本

若要按字母或字显示动画，在"效果"选项卡的"动画文本"列表中，单击"按字母"或单击"按字/词"。

图 10-29　"动画样式"下拉列表

图 10-30　动画窗格

图 10-31　修改动画效果

图 10-32　"飞入"动画效果设置对话框

若要按段落级别或项目符号显示动画，请在"正文文本动画"选项卡的"组合文本"列表中，单击一个选项。

（3）向动画中添加声音

在"效果"选项卡，单击声音列表中的箭头，并执行下列操作之一：

若要从列表中添加声音，单击一个选项。

若要从文件中添加声音，单击"其他声音"选项，在弹出的"添加声音"对话框中找要加入声音文件。

添加动画效果下拉列表中的"强调"、"退出"和"动作路径"效果的设置方法与"进入"效果的设置方法基本相同。

说明：在一张幻灯片中，可以为一个对象添加多种动画效果，也可以同时为多个对象添加动画效果。

11. 演示文稿中的超链接设置和动作按钮

设置超链接和动作按钮可以实现在一个演示文稿中不同幻灯片之间的自由跳转，还可以实现页面元素与其他文件、E-mail 地址的链接，甚至可以链接到 Internet 上。

1）插入超链接

超链接主要包含两各部分：链源和链宿。链源可以是文本、图片、图形、艺术字、动作按钮等对象。链宿可以是本演示文稿中的另一张幻灯片、其他演示文稿中的特定幻灯片、网页、E-mail 地址、其他的文件等。超链接在幻灯片播放时才被激活，单击链源后，幻灯片播放就会跳转到链源所指向对象—链宿。

创建超链接的方法是：选定要加超链接的幻灯片，用鼠标选取作为链源的文本或其他对象，选择"插入"选项卡，在"链接"组中单击"超链接"按钮，或直接在选定的链源对象上右击，在弹出的快捷菜单中选择"超链接"命令，弹出"插入超链接"对话框，如图 10-33 所示，在该对话框中选择链宿，单击"确定"按钮，超级链接创建完成。

图 10-33 "插入超链接"对话框

在"插入超链接"对话框中创建超链接：

① 如果链宿是文件或网页，在"链接到"列表中，单击"原有文件或网页"命令，导航到所需的文件或在地址栏输入网页的 URL 地址，单击"确定"按钮。

② 如果链宿是本演示文稿中的某一张幻灯片，在"链接到"列表中，单击"本文档中位置"命令，在"请选择文档中的位置"列表中选择一张幻灯片，单击"确定"按钮。

③ 如果链宿是其他演示文稿中的特定幻灯片，在"链接到"列表中，单击"原有文件或网页"命令，找到所需的演示文稿文件，单击"书签"按钮，选定所需的幻灯片，单击"确定"按钮。

④ 如果链宿是新建文档，在"链接到"列表中，单击"新建文档"命令，在"新建文档名称"，文本框中输入新建文档的名称，单击"确定"按钮。

⑤ 如果链宿是电子邮件，在"链接到"列表中，单击"电子邮件地址"命令，在"电子邮件地址"文本框中输入邮件地址，单击"确定"按钮。

2）编辑和删除超链接

（1）修改超链接

右键单击链源，弹出快捷菜单，单击"编辑超链接"命令，弹出"编辑超链接"对话框，在其中修改超链接，单击"确定"按钮。

（2）删除超链接

右键单击链源，弹出快捷菜单，单击"取消超链接"命令；或者在"编辑超链接"对话框中，单击"删除链接"按钮。

3）动作按钮

PowerPoint 带有一些制作好的动作按钮，可以将动作按钮插入到演示文稿中并为之添加超链接。

插入动作按钮的方法是：选择"插入"选项卡，在"插图"组中单击"形状"下拉按钮，在弹出"形状"下拉列表的最下面"动作按钮"形状中选择合适的动作按钮，在幻灯片需要放置动作按钮的位置单击，弹出"动作设置"对话框，如图 10-34 所示，在对话框中给该按钮进行相应的动作设置，单击"确定"按钮，完成设置。

幻灯片上的动作按钮可以调整按钮的大小、形状和颜色等，其方法与以前讲的自选图形的调整方法一样。播放幻灯片时，单击或移过动作按钮立即跳转到指定对象。

图 10-34 "动作设置"对话框

12．演示文稿的放映

1）幻灯片的切换

幻灯片的切换效果是指在幻灯片的放映过程中，幻灯片换页的方式和速度。设置幻灯片切换效果可以使幻灯片放映更加活泼生动。下面以一个实例来介绍设置幻灯片切换效果的方法。

选中要添加切换效果的某张幻灯片，选择"切换"选项卡，如图 10-35 所示，在"切换到此幻灯片"组的列表框中选取一种切换方式，如"淡出"，在"持续时间"的速度框中设置切换速度，在"声音"框中是选定换页时的声音，在"换片方式"框中选择换片方式，单击"全部应用"按钮则切换效果应用于整个演示文稿否则应用于当前幻灯片。

图 10-35 "切换"选项卡

所谓"换片方式"，是指在幻灯片放映过程中，从这一张幻灯片切换到下一张幻灯片的方式。换片方式有两种：单击鼠标时切换和间隔一段时间自动切换，默认状态为单击鼠标换片。如果两种"换片方式"都没有设置，则幻灯片播放时幻灯片就无法切换。选取"换片方式"栏中的"设置自动换片时间"选项，然后在右边的文本框中输入一个时间，例如输入"2"，则幻灯片放映时每隔 2 秒就会自动切换到下一页。

注意：一个演示文稿的切换效果不要太多，而且风格要尽量统一，否则会给人眼花缭乱的感觉。

2）设置幻灯片放映方式

在正式放映幻灯片之前，首先需要设置放映方式。

选择"幻灯片放映"选项卡，在"设置"组单击"设置幻灯片放映"按钮，弹出"设置放映方式"对话框，如图 10-36 所示，在此对话框中对幻灯片的放映方式进行设置，完成后单击"确定"按钮。

3）放映幻灯片

图 10-36 "设置放映方式"对话框

在 PowerPoint 2010 中放映幻灯片有三种方法：

方法一：选择"幻灯片放映"选项卡，在"开始放映换的片"组中可选四种放映方式，分别为"从头开始"、"从当前幻灯片开始"、"广播幻灯片"以及"自定义幻灯片放映"。

方法二：按【F5】功能键。

方法三：单击窗口左下角的"幻灯片放映"视图按钮。

三、实验内容

在 D 盘的根目录下新建一个以本人学号和姓名为文件名的作业文件夹，文件夹名称例如："2010030100001 张三"，下称这个文件夹为作业文件夹，完成以下内容：

（1）新建一空演示文稿，并将第一张幻灯片设为标题幻灯片。

（2）在第一张幻灯片中输入标题"网站介绍"，设置其字体为黑体、加粗、54 号，并在副标题处输入"——搜索网站"，设置其字体为隶书、斜体、40 号。

（3）插入第二张空白幻灯片后，再将其版式改为"标题和内容"，在标题处输入"著名搜索引擎网站"，并在正文中每个项目分别输入"谷歌"、"百度"、"雅虎"。

（4）插入第三张幻灯片版式改为"两栏内容"，在标题处输入"百度"；在正文中插入素材文件夹中"百度介绍.txt"中的内容；在剪贴画位置插入百度的标识图片"百度标识.jpg"，图片位置在素材文件夹中，设置图片的大小为 3 cm×6 cm，图像控制颜色为灰度、亮度为 40%、对比度为 55%。

（5）再插入 2 张幻灯片分别制作"谷歌"和"雅虎"的介绍幻灯片，要求同上一题。

（6）将第三张和第四张幻灯片位置互换。

（7）为第二张幻灯片中的文字"谷歌"、"百度"、"雅虎"添加超链接，分别指向演示文稿中相应的幻灯片。

（8）除标题幻灯片，设置其他所有幻灯片显示自动更新的日期（样式为"××××年××月"）及幻灯片编号。

（9）再插入一张空白幻灯片，并在其中选用第三行第一列的艺术字式样，内容为"谢谢"，字号 96，填充颜色改为预设颜色"金乌坠地"。

（10）所有幻灯片应用主题角度（可选择自己喜欢的），为所有幻灯片应用配色方案活力。

（11）将新的第三张幻灯片的背景设置为"斜纹布"纹理。

（12）利用幻灯片母版修改所有标题的样式为：华文新魏、加粗、斜体，第一级文本的项目符号修改为"O"，大小为文字的 120%。

（13）设置所有幻灯片的切换效果为每隔 5 秒自右侧涡流，并伴有风铃声。

（14）在最后一张幻灯片的右下角添加一个"第一张"动作按钮，要求单击按钮返回第一张幻灯片。

（15）将制作好的演示文稿以文件名：PPT_1，文件类型：演示文稿（*.pptx）保存。

四、实验步骤

在 D 盘的根目录下新建一个以本人学号和姓名为文件名的作业文件夹，文件夹名称例如："2010030100001 张三"，下称这个文件夹为作业文件夹，完成以下内容：

（1）新建一空演示文稿，并将第一张幻灯片设为标题幻灯片。

步骤 1：在建好的作业文件夹下，右击，在弹出快捷菜单中选择"新建"→"Microsoft PowerPiont 演示文稿"命令，双击新建的"新建 Microsoft PowerPoint 演示文稿.pptx"文件，打开该文档准备下面的编辑。

步骤 2：选择"开始"选项卡，在"幻灯片"组中单击"新建幻灯片"按钮 ，建立第一张幻灯片，默认版式即为"标题幻灯片"。

（2）在第一张幻灯片中输入标题"网站介绍"，设置其字体为黑体、加粗、54 号，并在副标题处输入"——搜索网站"，设置其字体为隶书、斜体、40 号。

步骤 1：在幻灯片的"标题"框中输入文字"网站介绍"，在"副标题"框中输入文字"——搜索网站"。

步骤 2：文字格式设置的方法与 Word 文档中文字格式设置的方法相同。

（3）插入第二张幻灯片后，再将其版式改为"标题和内容"，在标题处输入"著名搜索引擎网站"，并在正文中每个项目分别输入"谷歌"、"百度"、"雅虎"。

步骤 1：新建新幻灯片，新幻灯片除了可以利用"开始"选项卡，单击"幻灯片"组中的"新建幻灯片"下拉按钮，在弹出的下拉列表中选择新建幻灯片版式为"标题和内容"；也可以直接在幻灯片窗格的空白处右击，在弹出的快捷菜单中单击"新建幻灯片"命令来实现新幻灯片的插入，如图 10-37 所示；还可以按【Ctrl+M】组合键插入新幻灯片。

步骤 2：在幻灯片的"标题"框中输入标题"著名搜索引擎网站"，在"内容"框中分别输入"谷歌"、"百度"、"雅虎"，幻灯片效果如图 10-38 所示。

（4）插入第三张幻灯片版式改为"两栏内容"，在标题处输入"百度"；在正文中插入素材文件夹中"百度介绍.txt"中的内容；在剪贴画位置插入百度的标识图片"百度标识.jpg"，图片位置在素材文件夹中，设置图片的大小为 3 cm×6 cm，图像控制颜色为灰度、亮度为 40%、对比度为 55%。

步骤 1：选择"开始"选项卡，单击"幻灯片"组中的"新建幻灯片"下拉按钮，在弹出的下拉列表中选择新建幻灯片版式为"两栏内容"，如图 10-39 所示。

图 10-37　新建幻灯片　　　　图 10-38　幻灯片效果图　　　　图 10-39　版式"两栏内容"

步骤 2：在标题处输入"百度"。

步骤 3：将素材文件夹中"百度介绍.txt"中的内容复制到幻灯片左侧栏中。

步骤 4：在幻灯片右侧栏中单击"插入来自文件的图片"按钮，如图 10-40 所示，弹出"插入图片"对话框，在素材文件夹中选择标识图片"百度标识.jpg"，单击"插入"按钮插入图片。

图 10-40　插入图片

步骤 5：右击图片弹出快捷菜单，选择"设置图片格式"命令，弹出"设置图片格式"对话框，"大小"选项卡，设置图片的大小。（注意：此时要将"锁定纵横比"前的勾去掉，因为本题中对图片的宽和高都作出了具体的要求，如图 10-41 所示，如果题目中仅要求设置图片的高和宽中的一项则可保留此项。）

步骤 6：在"设置图片格式"对话框→"图片颜色"选项卡中，设置图像控制颜色为灰度，如图 10-42 所示。

步骤 7：在"设置图片格式"对话框中，"图片更正"选项卡，设置图像亮度为 40%、对比度为 55%，如图 10-43 所示。

此幻灯片最终效果如图 10-44 所示。

图 10-41　"大小"选项卡

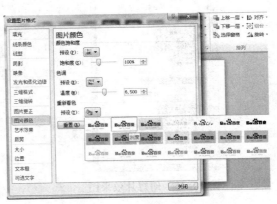

图 10-42　"图片颜色"选项卡

图 10-43　"图片更正"选项卡

图 10-44　幻灯片效果图

（5）再插入 2 张幻灯片分别制作"谷歌"和"雅虎"的介绍幻灯片，要求同上一题。

步骤：重复上题步骤制作"谷歌"和"雅虎"的介绍幻灯片，效果如图 10-45 所示。

（6）将第三张和第四张幻灯片位置互换。

步骤：在幻灯片视图窗格中可通过鼠标左键选中拖动来实现幻灯片位置的交换。

（7）为第二张幻灯片中的文字"谷歌"、"百度"、"雅虎"添加超链接，分别指向演示文稿中相应的幻灯片。

步骤 1：选择第二张幻灯片，用鼠标选取作为链源的文本"谷歌"，选择"插入"选项卡，在"链接"组中单击"超链接"按钮，或直接在选定的链源对象"谷歌"上右击，在弹出的快捷菜单中选择"超链接"命令，弹出"插入超链接"对话框，在该对话框中选择链宿，单击"确定"按钮，超链接创建完成。

步骤 2：相同的方法为"百度"、"雅虎"添加超链接。

（8）除标题幻灯片，设置其他所有幻灯片显示自动更新的日期（样式为"××××年××

月")及幻灯片编号。

步骤：选择"插入"选项卡，在"文本"组中单击"日期和时间"按钮 ，打开"页眉和页脚"对话框，在"幻灯片"选项卡中设置自动更新日期和幻灯片编号，单击"全部应用"按钮应用至所有幻灯片，如图 10-46 所示。

图 10-45 幻灯片效果图

图 10-46 "幻灯片"选项卡

（9）再插入一张空白幻灯片，并在其中选用第三行第一列的艺术字式样，内容为"谢谢"，字号 96，填充颜色改为预设颜色"金乌坠地"。

步骤 1：插入新幻灯片，版式设为"空白"。

步骤 2：选择"插入"选项卡，在"文本"组中单击"艺术字"下拉按钮，在"艺术字"下拉列表中选择第三行第一列的艺术字样式，在幻灯片中的艺术字文本框中输入文字"谢谢"，设置其字号为"96"号。

步骤 3：选中添加好的艺术字，选择"绘图工具格式"选项卡，在"艺术字样式"组中单击"文本填充"下拉按钮 A 文本填充 ·，在下拉列表中单击"渐变"命令，在"渐变"菜单中选择"其他渐变"命令，如图 10-47 所示，弹出"设置文本效果格式"对话框。

步骤 4：在"设置文本效果格式"对话框中单击"文本填充"选项卡，设置填充颜色改为预设颜色"金乌坠地"，如图 10-48 所示。

（10）所有幻灯片应用主题角度（可选择自己喜欢的），为所有幻灯片应用配色方案活力。

步骤：选择"设计"选项卡，在"主题"组的主题列表中选择适合的主题，在"颜色"下拉列表中选择配色方案。

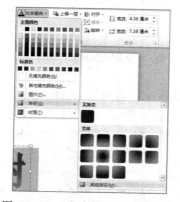

图 10-47 "文本填充"下拉列表

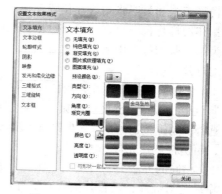

图 10-48 "文本填充"选项卡

（11）将最后一张幻灯片的背景设置为"斜纹布"纹理。

步骤 1：右击最后一张幻灯片，在弹出的快捷菜单中选择"设置背景格式"命令，如图 10-49 所示，弹出"设置背景格式"对话框。

步骤 2：在"设置背景格式"对话框的"填充"选项卡中选择纹理为"斜纹布"，如图 10-50 所示。

（12）利用幻灯片母版修改所有标题的样式为：华文新魏、加粗、斜体，第一级文本的项目符号修改为"O"，大小为文字的 120%。

步骤 1：选择"视图"选项卡，在"母版版式"组中单击"母版版式"按钮，进入"幻灯片母版"编辑视图，如图 10-51 所示。

步骤 2：单击"单击此处编辑母版标题样式"设置其字体格式为华文新魏、加粗、斜体。

图 10-49 快捷菜单

步骤 3：单击"单击此处编辑母版文本样式"，选择"开始"选项卡，在"段落"组中单击"项目符号和编号"下拉按钮，在弹出的下拉列表中单击"项目符号和编号"命令，弹出"项目符号和编号"对话框，单击"项目符号"选项卡中的"自定义"按钮，弹出"符号"对话框，找到替换的符号，单击"确定"按钮，返回"符号和编号"对话框中，修改文字的大小：120%，单击"确定"按钮，如图 10-52 所示。

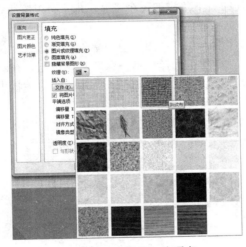

图 10-50 "填充"选项卡

图 10-51 母版编辑视图

图 10-52 "项目符号和编号"对话框

步骤 4：母版设置好后，选择"幻灯片母版"选项卡，在"关闭"组中单击"关闭母版视图"按钮,退出母版编辑视图,如图 10-53 所示。

图 10-53 "幻灯片母版"选项卡

（13）设置所有幻灯片的切换效果为每隔 5 秒自右侧涡流,并伴有风铃声。

步骤:选择"切换"选项卡,在"切换到此幻灯片"组中列表里选择切换方式为"涡流",在"效果选项"下拉列表中选择效果为"自右侧",在"计时"组中选择声音为风铃声以及换片方式为每隔 5 秒自动换片,设置完成后单击"全部应用"按钮将切换效果应用至所有幻灯片,如图 10-54 所示。

图 10-54 "切换"选项卡

（14）在最后一张幻灯片的右下角添加一个"第一张"动作按钮,要求单击按钮返回第一张幻灯片。

步骤:选择"插入"选项卡,在"插图"组中单击"形状"下拉按钮,在弹出"形状"下拉列表的最下面"动作按钮"形状中选择"第一张"动作按钮,在幻灯片需要放置动作按钮的位置单击,弹出"动作设置"对话框,如图 10-55 所示,在对话框中给该按钮进行相应的动作设置,单击"确定"按钮,完成设置。

（15）将制作好的演示文稿以文件名:PPT_1,文件类型:演示文稿（*.pptx）保存。

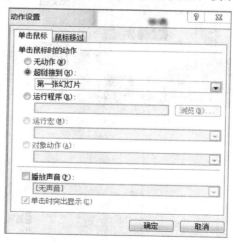

图 10-55 "动作设置"对话框

实验十一　PowerPoint 2010 综合实验

一、实验目的

综合使用 PowerPoint 2010 制作丰富的演示文稿。

二、实验内容

在 D 盘的根目录下新建一个以本人学号和姓名为文件名的作业文件夹，文件夹名称例如："2010030100001 张三"，下称这个文件夹为作业文件夹，完成以下内容：

实验 1

完善 PowerPoint 文件 Web-1.ppt，具体要求如下：

（1）所有幻灯片应用主题为波形。

（2）设置第一张幻灯片标题的动画效果为从幻灯片中心缩放，并伴有鼓掌声。

（3）设置所有幻灯片显示自动更新的日期（样式为"××××年××月××日"）及幻灯片编号。

（4）在最后一张幻灯片的右下角插入一个"第一张"动作按钮，超链接指向首张幻灯片。

（5）将制作好的演示文稿以文件名：Web-1，文件类型：演示文稿（*.PPTX）保存，文件存放于作业文件夹中。

实验 2

完善 PowerPoint 文件 Web-2.pptx 具体要求如下：

（1）为所有幻灯片应用素材文件夹中的主题 Moban02.pot。

（2）设置第一张幻灯片的副标题动画效果为自顶部飞入。

（3）设置所有幻灯片切换方式为水平百叶窗、持续时间 2 秒、单击鼠标时换页、伴有风铃声。

（4）除标题幻灯片外，在其他幻灯片中插入页脚：保护环境。

（5）将制作好的演示文稿以文件名：Web-2，文件类型：演示文稿（*.pptx）保存，文件存放于作业文件夹中。

实验 3

完善 PowerPoint 文件 Web-3.pptx，具体要求如下：

（1）将所有幻灯片背景填充效果预设为"红木"，方向为线性向下。

（2）为第二张幻灯片中的文字"猪血"、"海带"和"茶叶"建立超链接，分别指向相应标题的幻灯片。

（3）设置所有幻灯片切换方式为逆时针时钟、持续时间 2.5 秒、单击鼠标时换页、伴有鼓掌声。

（4）将第一张幻灯片副标题文本框中的文字设置为旋转 180 度。

（5）将制作好的演示文稿以文件名：Web-3，文件类型：演示文稿（*.pptx）保存，文件存放于作业文件夹中。

实验 4

完善 PowerPoint 文件 Web-4.pptx，具体要求如下：

（1）所有幻灯片应用素材文件夹中的主题 Moban04.pot。

（2）为第一张幻灯片的标题设置动画，单击鼠标时标题从右侧飞入，并伴有打字机声。

（3）利用幻灯片母版修改所有幻灯片标题的样式为：华文新魏、54 号字、加粗。

（4）将所有幻灯片的切换效果设置为随机线条，持续时间 1 秒、单击鼠标时换页、伴有微风声。

（5）将制作好的演示文稿以文件名：Web-4，文件类型：演示文稿（*.pptx）保存，文件存放于作业文件夹中。

实验 5

按要求制作演示文稿，具体要求如下：

（1）新建一主题为"行云流水"（可选择自己喜欢的）的演示文稿。

（2）插入第一张幻灯片，版式为"标题"，并在标题文本框中输入"自我介绍"。

（3）在第一张幻灯片的备注中添加文字"我的姓名、年龄和职业"。

（4）插入第二张空白幻灯片后，再将其版式改为"标题和内容"，并在标题文本框中输入"我的照片"；在正文中输入一段自我介绍的文字内容；并插入一张自己的数码照片（此处可直接插入一副剪切画）。

（5）插入第三张版式为"标题和竖排文字"的幻灯片，并设置其标题内容为"我的爱好"，正文内容为"读书"、"旅游"、"运动"和"与我有相同爱好者请与我联系"，并在该幻灯片后再新建三张版式为"标题和内容"的幻灯片，标题分别是"读书"、"旅游"和"运动"，正文对应输入一小段内容（如，喜爱读哪些书籍等），并可为每张幻灯片插入相应的图片。

（6）将第三张幻灯片中的"读书"、"旅游"、"运动"分别超链接到后面标题内容对应的幻灯片，"与我有相同爱好者请与我联系"则超链接到自己的 E-mail 地址（如：aaa@nju.edu.cn）。

（7）在最后一张幻灯片的下方插入一个"自定义"按钮，实现"鼠标移过时超级链接到第一张幻灯片"，在按钮中输入文字"返回"。

（8）设置所有幻灯片的切换效果为蜂巢，并伴有"风铃"声，换页方式为每隔 5 秒换页。

（9）设置所有幻灯片显示自动更新的日期（样式为"××××年××月××日"）、幻灯片编号及页脚"我的演示文稿"。

（10）将制作好的演示文稿以文件名：PPT2_1，文件类型：演示文稿（*.pptx）保存，同时另存为放映文件 PPT2_1.ppsx，文件均存放于作业文件夹下。

★实验 6

按要求制作演示文稿，具体要求如下：

（1）为演示文稿"第 1-2 节.pptx"指定一个合适的主题；为演示文稿"第 3-5 节.pptx"指定另一个设计主题，两个主题应不同。

（2）将演示文稿"第 1-2 节.pptx"和"第 3-5 节.pptx"中所有的幻灯片合并到"物理课件.pptx"中，要求所有幻灯片保留原来的格式。以后的操作均在文档"物理课件.pptx"中进行。

（3）在"物理课件.pptx"的第三张幻灯片之后插入一张版式为"仅文档"的幻灯片，驶入标题文字"物质的状态"，在标题下方制作一张射线列表式关系图，样例参考"关系图素材及样例.docx"，所需图片在素材文件夹里。为该关系图添加适当的动画效果，要求同一级别的内容同时出现、不同级别的内容先后出现。

（4）在第 6 张幻灯片后插入一张版式为"标题和内容"的幻灯片，在该幻灯片中插入与素材"蒸发与沸腾的异同点.docx"文档中所示相同的表格，并为该表格添加适当的动画效果。

（5）将第 4 张、第 7 张幻灯片分别链接到第 3 张、第 6 张幻灯片的相关文字上。

（6）除标题页外，为幻灯片添加编号及页脚，页脚内容为"第一章　物态及其变化"。

（7）为幻灯片设置适当的切换方式，以丰富放映效果。

★实验 7

打开素材件夹下的演示文稿 yswg.pptx，根据素材文件夹下的文件"PPT-素材.docx"，按照下列要求完善此文稿并保存。

（1）使文稿包含七张幻灯片，设计第一张为"标题幻灯片"版式，第二张为"仅标题"版式，第三张到第六张为"两版内容"版式，第七张为"空白"版式；所有幻灯片统一设置背景样式；要求有预设颜色。

（2）第一张幻灯片标题为"计算机发展简史"，副标题为"计算机发展的四个阶段"；第二张幻灯片标题为"计算机发展的四个阶段"；在标题下面空白处插入 SmartArt 图形，要求含有四个文本框，在每个文本框中依次输入"第一代计算机"、…、"第四代计算机"，更改图形颜色，适当调整字体和字号。

（3）第三张到第六张图片，标题内容分别为素材中各段的标题；左侧内容为各段文字的介绍，加项目符号，右侧为素材文件夹下存放相对应的图片，第六张幻灯片需插入两张图片（"第四代计算机-1.jpg"在上，"第四代计算机-2.jpg"在下）；在第七张幻灯片中插入艺术字，内容为"谢谢!"。

（4）为第一张幻灯片的副标题、第三张到第六张幻灯片的图片设置动画效果，第二张幻灯片的四个文本框超链接到相应内容幻灯片；为所有幻灯片设置切换效果。

★实验十二 Access 2010 数据库应用

一、实验目的

（1）掌握数据库相关概念：数据库、关系数据库、表、主键；

（2）掌握数据库的建立，数据表的建立，数据表的输入和编辑；

（3）掌握插入、删除、更新记录，简单查询，汇总查询。

二、实验要点简述

1．Access 2010 简介

Microsoft Office Access 的特点就在于使用简便。在 Access 2010 中透过新增加的网络数据库功能，用户在追踪与共享数据，或利用数据制作报表时，将更加轻松，这些数据自然也就更具影响力。网页浏览器有多近，数据离用户就有多近。

Access 2010 用户界面主要包含功能区、Backstage 视图和导航窗格 3 个组件。

1）功能区

功能区：包含多组命令且横跨程序窗口顶部的带状选项卡区域，如图 12-1 所示。

图 12-1　功能区

取消传统菜单操作方式而代之以功能区是 Access 2010 的明显改进之一，用户可以在功能区中进行绝大多数的数据库管理相关操作。Access 2010 默认情况下有以下 4 个功能区，每个功能区根据命令的作用又分为多个组。

（1）开始

"开始"功能区中包含视图、剪贴板、排序和筛选、记录、查找、文本格式、中文简繁转换 7 个分组，用户可以在"开始"功能区中对 Access 2010 进行操作，如复制/粘贴数据、修改字体和字号、排序数据等。

（2）创建

"创建"功能区中包含模板、表格、查询、窗体、报表、宏与代码 6 个分组，"创建"功能区中包含的命令主要用于创建 Access 2010 的各种元素。

（3）外部数据

"外部数据"功能区包含导入并链接、导出、收集数据 3 个分组，在"外部数据"功能区中

主要实现对 Access 2010 数据的导入导出。

（4）数据库工具

"数据库工具"功能区包含工具、宏、关系、分析、移动数据、加载项 6 个分组，主要对 Access 2010 数据库进行比较高级的操作。

除了上述 4 个功能区之外，还有一些隐藏的功能区默认没有显示。只有在进行特定操作时，相关的功能区才会显示出来。例如，在进行创建表操作时，会自动打开"表格工具"功能区。

2）Backstage 视图

Backstage 视图是功能区的"文件"选项卡上显示的命令集合，如图 12-2 所示。

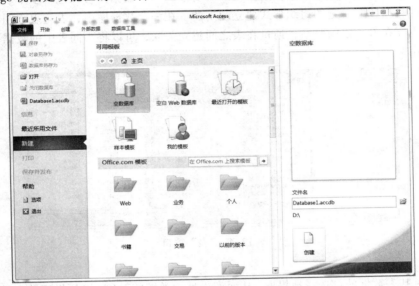

图 12-2 Backstage 视图

Backstage 视图是 Access 2010 中的新功能。它包含应用于整个数据库的命令和信息（如"压缩和修复"），以及早期版本中"文件"菜单的命令（如"打印"）。

Backstage 视图占据功能区上的"文件"选项卡，并包含很多 Access 早期版本的"文件"菜单中的命令。Backstage 视图还包含适用于整个数据库文件的其他命令。在打开 Access 但未打开数据库时（例如，从 Windows "开始"菜单中打开 Access 2010），可以看到 Backstage 视图。

3）导航窗格

导航窗格就是用户界面左侧的窗格，用户可以在其中使用数据库对象。导航窗格取代了 Access 2003 中的对象窗口，如图 12-3 所示。

导航窗格可帮助用户组织归类数据库对象，并且是打开或更改数据库对象设计的主要方式。导航窗格按类别和组进行组织，可以从多种组织选项中进行选择，还可以在导航窗格中创建用户的自定义组织方案。默认情况下，新数据库使用"对象类型"类别，该类别包含对应于各种数据库对象的组。"对象类型"类别组织数据库对象的方式，与早期版本中的默认"数据库窗口"显示方式相似。可以最小化导航窗格，也可以将其隐藏，但是不可以在导航窗格前面打开数据库对象来将其遮挡。

图 12-3 导航窗格

2. 数据库对象

在 Access 2010 中，数据库包括 6 个基本对象，即表、查询、窗体、报表、宏、模块，选择的类不同，每个对象在数据库中的作用和功能也不同。当打开一个数据库时，数据库的所有对象都会在导航窗格中显示出来，如图 12-3 所示。所有数据库对象都保存在扩展名为.accdb 的同一个数据库文件中。这里主要介绍表和查询两种对象。

1）表

表也称为基表，是数据库中用来存储数据的对象，它是数据库中最基本的数据源，是信息的仓库，是信息处理的基础和依据，如图 12-4 所示。一个数据库可以包含多个表，每个表都是由规范化的数据按照一定的组织形式建立起来的。在一个数据库中，表与表之间有相对的独立性，同时也存在着一定的联系，通过在表之间建立关联，可以将不同表中的数据联系起来，以便用户使用。

图 12-4 "表"窗口

2）查询

查询是对基表数据的有选择地提取，从而产生另一类型的对象，以便提高数据处理的效率，如图 12-5 所示。一个查询产生的结果可以是一个表中的部分字段信息，数据库操作中称为"投影"；也可以是表中的满足某些条件的部分记录，数据库操作中称为"筛选"；还可以是来自多个表的部分或全部信息，数据库操作中称为"连接"。查询不仅可以根据需要选择基表中的信息，还可以根据需要进行排序、统计、计算等操作。因此，查询可以方便用户，提高数据处理的效率。

这种查询属于对表进行信息检索的类型，它的特点是不改变基表中的原始数据。还有一种查询称为"操作查询"，它包括"删除"、"更新"、"生成表"等操作，此类查询的执行将会导致原始数据发生变化。

图 12-5 "查询"窗口

3．创建数据库

在 Access 中创建数据库通常有两种方法：一种是利用 Access 向导创建数据库，另一种是直接创建空数据库。

1）创建空数据库

创建空数据库的方法是：

（1）在 Access 2010 启动窗口中，选择"文件"选项卡，在"可用模板"列表中单击"空数据库"，在右侧窗格的文件名文本框中，给出一个默认的文件名"Database1.accdb"，如图 12-2 所示，在此处可修改新建数据库的名称以及其保存位置，在右侧窗格下面，单击"创建"按钮。

（2）这时开始创建空白数据库，自动创建了一个名称为表 1 的数据表，并以数据表视图方式打开表 1，如图 12-6 所示。

图 12-6　表 1 的数据表视图

（3）将光标定位于"添加新字段"列中的第一个空单元格中，输入添加数据，或者从另一数据源粘贴数据。

2）使用模板创建 Web 数据库

使用模板创建 Web 数据库操的方法是：

（1）在 Access 2010 启动窗口中，选择"文件"选项卡，在"可用模板"列表中双击"样本模板"，打开"可用模板"窗格，可以看到 Access 提供的 12 个可用模板分成两组。一组是 Web 数据库模板，另一组是传统数据库模板——罗斯文数据库。Web 数据库是 Access 2010 新增的功能。这一组 Web 数据库模板可以让新老用户比较快地掌握 Web 数据库的创建，如图 12-7 所示。

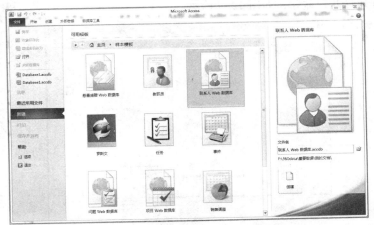

图 12-7　"可用模板"窗格

（2）例如选中"联系人 Web 数据库"，则自动生成一个文件名"联系人 Web 数据库.accdb"，保存位置在默认 Window 系统所安装时确定的"我的文档"中显示在右侧的窗格中。

当然用户可以自己指定文件名和文件保存的位置，如果要更改文件名，直接在文件名文本框中输入新的文件名，如要更改数据库的保存位置，单击"浏览" 按钮，在打开的"文件新建数据库"对话框中，选择数据库的保存位置，单击"创建"按钮，开始创建数据库。

（3）数据库创建完成后，自动打开"联系人 Web 数据库"，并在标题栏中显示"联系人"，如图 12-8 所示。

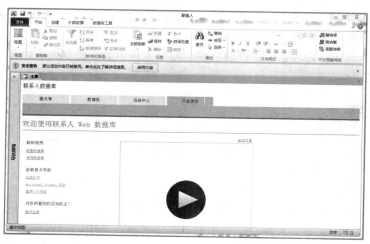

图 12-8　联系人 Web 数据库

注意：① 在这个窗口中，还提供了配置数据库和使用数据库教程的链接。

② 如果计算机已经联网，则单击 ● 按钮，就可以播放相关教程。

4．数据库的打开和关闭

1）打开数据库

打开数据库的方法是：选择"文件"选项卡，单击"打开"命令，弹出"打开"对话框，在"打开"对话框的"查找范围"中选择需打开的数据库文件，单击"打开"按钮右侧箭头，选择"以独占方式打开"命令，如图 12-9 所示。

图 12-9　以独占方式打开数据库

2）关闭数据库

关闭数据库是指将数据库从内存中清除，关闭数据库后数据库窗口将关闭。关闭数据库有以下几种方法。

（1）选择"文件"选项卡中的"关闭数据库"命令。

（2）选择"文件"选项卡中的"退出"命令。

（3）单击数据库窗口标题栏的"关闭"按钮。

5．创建数据表

表在数据库中用来存储数据的对象，是整个数据库的基础，也是数据库中其他对象的数据来源。例如，查询、窗体、报表、数据访问页都是在表的基础上建立和使用的。数据库中只有建立了表才能输入数据，才能创建查询、窗体、报表、数据访问页这些数据对象。

1）设计表

Access 以二维表的形式来定义数据库表的数据结构。数据库表由表结构和表内容等两部分组成。创建表分为两步，首先创建表结构（主要包括表名和字段的属性两部分），然后再给建好的表添加记录。由于数据库中多张表之间是有关联的，在所有的表创建完后再给这些表之间建立关系。

在建立表之前，首先要从以下几方面来考虑设计表。

（1）建立表的目的，因为表名是用户访问数据的唯一标识，确定好表的名称，使其与用途相符，尽量做到见名知意。例如，要保存学生的基本信息，表名就可以直接命名为"学生表"。

（2）要确定表中字段个数，每个字段的名称。如学号、姓名、性别、出生日期、政治面貌、班级、入学成绩、照片、备注等字段。

（3）确定每个字段的数据类型。Access 针对字段提供了文本、备注、日期/时间、数字、货币、自动编号、是/否、OLE 对象、超链接和查阅向导等 10 种数据类型，以满足数据的不同用途。例如，姓名字段的数据类型为文本型，出生日期字段的数据类型为日期/时间型，成绩字段的数据类型为数字型。

（4）确定每一个字段的大小。

（5）确定表中能够唯一标识记录的主关键字段，即主键。

图 12-10 所示为"学生"表结构。

图 12-10 "学生"表结构

2）字段数据类型及用法

在创建表之前，必须先对表结构进行设计，即确定表中有多少字段以及各字段的名称、数据类型、字段的宽度和字段的其它属性。Access 具有的数据类型如表 12-1 所示。

表 12-1　数据类型

数据类型	用　　法
文本	用于存放文本或者文本与数字的组合，最多 255 个字符，默认大小为 50。这种类型中的数字不能进行数学计算
数字	用于存放可进行数学计算的数字数据，可以有小数位和正负号
日期/时间	用于存放表示日期和时间的数据，允许进行少量的日期和时间运算
备注	用于存放超长文本或文本与数字的组合，最多含 75535 个字符
货币	用于存放表示货币的数据，可进行数学计算，可以有小数位和正负号
自动编号	向表中添加一条新记录时，由 Access 指定一个惟一的顺序号（每次加 1）或随机数
是/否	又称逻辑型数据，只有两种可能的取值："是"或"否"，"真"或"假"
OLE 对象	用于其他 Windows 应用程序中对象的链接与嵌入，最大 1G 字节
超链接	用于保存超链接的有效地址
查阅向导	用于创建一个字段，该字段允许从其他的表、列表框或组合框中选择字段类型

3）字段属性

每个字段都有自己的属性。字段主要属性包括字段的名称、类型、大小以及是否建立索引等。字段名（字段的名称属性）用来标识表中的字段，它的命名规则是以字符或汉字开头，可由字母、数字、空格以及除点、惊叹号、方括号以外的所有可见字符组成，同一个表中不能有相同的字段名。表 12-2 列出了字段所有的属性，一个字段可以具有哪些属性与该字段的数据类型有关。

表 12-2　字段的属性

属性选项	功　　能
字段大小	使用这个属性可以设置文本、数字、货币和自动编号字段数据的范围，可设置的最大字符数为 255
格式	控制怎样显示和打印数据，可选择预定义格式或输入自定义格式
小数位数	指定数字、货币字段数据的小数位数，默认值是"自动"，范围是 0～15
输入法模式	确定光标移至该字段时，准备设置哪种输入法模式，有三个选项：随意、开启、关闭
输入掩码	使用户在输入数据时可以看到这个掩码，从而知道应该如何输入数据，对文本、数字、日期/时间和货币类型字段有效
标题	在各种视图中，可以通过对象的标题向用户提供帮助信息
默认值	指定数据的默认值，自动编号和 OLE 数据类型没有此项属性
有效性规则	是一个表达式，用户输入的数据必须满足此表达式，当光标离开此字段时，系统会自动检测数据是否满足有效性规则
有效性文本	当输入的数据不符合有效性规则时显示的提示信息
必填字段	该属性决定字段中是否允许出现 Null 值
允许空字符串	指定该字段是否允许零长度字符串
索引	决定是否建立索引的属性，有三个选项："没有"、"有，允许重复"和"有，不允许重复"
Unicode 压缩	指示是否允许对该字段进行 Unicode 压缩

4）创建表

（1）使用"设计视图"创建表

使用设计视图创建表，用户可以根据自己的需要创建表，只需要定义字段的名称、类型及其他相关属性。这是 Access 常用的创建数据表的方式之一。

在图 12-10 所示的"学生"的表结构中，我们可以看到，表设计器由两部分组成，上半部分显示网格，每行描述一个数据列，对于每个数据列，该网格显示其基本特征：列名称、数据类型、长度，以及是否允许空值。表设计器的下半部分显示上半部分中突出显示的任何数据列的其他特征。

使用表设计视图既可以创建新表，也可以修改已有的表。

例如：在数据库中利用设计视图创建"教师"表各个字段，教师表结构如表 12-3 所示。

表 12-3　教师表结构

字　段　名	类　型	字 段 大 小	格　式
编号	文本	5	
姓名	文本	4	
性别	文本	1	
年龄	数字	整型	
工作时间	日期/时间		短日期
政治面目	文本	2	
学历	文本	4	
职称	文本	3	
系别	文本	2	
联系电话	文本	12	
在职否	是/否		是/否

操作步骤：

① 打开数据库，选择"创建"选项卡，在"表格"组中单击"表设计"按钮，如图 12-11 所示。

② 打开表的设计视图，按照表 12-3 所示教师表结构内容，在字段名称列输入字段名称，在数据类型列中选择相应的数据类型，在常规属性窗格中设置字段大小，如图 12-12 所示。

图 12-11　创建表

图 12-12　"设计视图"窗口

③ 单击"保存"按钮，以"教师"为名称保存表。

（2）使用"数据表视图"创建表

使用数据表视图创建表时，系统会打开数据表视图窗口，用户在输入数据的同时可以对表的结构进行定义，也就是说，通过输入数据创建表是一种"先输入数据，再确定字段"的创建表方式。

例如：在数据库中创建"学生"表，使用"数据表视图"创建"学生"表，其结构如表 12-4 所示。

表 12-4　学生表结构

字　段　名	类　　型	字　段　大　小	格　　式
学生编号	文本	10	
姓名	文本	4	
性别	文本	2	
年龄	数字	整型	
入校日期	日期/时间		中日期
团员否	是/否		是/否
住址	备注		
照片	OLE 对象		

操作步骤：

① 打开数据库，选择"创建"选项卡，在"表格"组中单击"表"按钮，如图 12-11 所示。这时将创建新表，并在"数据表视图"中打开它。

② 选中 ID 字段，选择"表格/字段"选项卡，在"属性"组中单击"名称和标题"按钮，如图 12-13 所示。

③ 弹出"输入字段属性"对话框，在"名称"文本框中，输入"学生编号"，如图 12-14 所示，单击"确定"按钮返回。

④ 选中"学生编号"字段列，选择"表格/字段"选项卡，在"格式"组中把"数据类型"设置为"文本"，如图 12-15 所示。

图 12-13　"属性"组　　　　图 12-14　"输入字段属性"对话框　　图 12-15　数据类型设置

注意：ID 字段默认数据类型为"自动编号"，添加新字段的数据类型为"文本"，如果用户所添加的字段是其他的数据类型，可以在"表格工具/字段"选项卡的"添加和删除"组中，单击相应的一种数据类型的按钮，如图 12-16 所示。

如果需要修改数据类型，以及对字段的属性进行其他设置，最好的方法是在表设计视图中进行，在 Access 工作窗口的右下角，单击"设计视图" 按钮，打开表的设计视图，设置完成后要再保存一次表。

⑤ 单击"单击以添加"单元格右侧的下拉按钮，弹出字段类型下拉列表框，如图 12-17 所示，选择"文本"选项，文本框中的字段名将自动改为"字段 1"，重复步骤③的操作，把"字段 1"的名称修改为"姓名"名称。

图 12-16　数据类型设置功能栏　　　　图 12-17　字段类型下拉列表框

⑥ 以同样方法，按表 12-4 所示学生表结构的字段属性，依次定义表的其他字段。

⑦ 最后在"快速访问工具栏"中，单击"保存" 按钮，输入表名"学生"，单击"确定"按钮。

（3）通过导入来创建表

数据共享是加快信息流通，提高工作效率的要求。Access 提供的导入导出功能就是用来实现数据共享的工具。

在 Access 中。可以通过导入用存储在其他位置的信息来创建表。例如，可以导入 Excel 工作表、ODBC 数据库、其他 Access 数据库、文本文件、XML 文件及其他类型文件。

例如：将"课程.xlsx"导入到"教学管理.accdb"数据库中。操作步骤：

① 打开"教学管理"数据库，选择"外部数据"选项卡，在"导入并链接"组中单击"Excel"按钮，如图 12-18 所示。

② 在弹出的"获取外部数据库"对话框中单击浏览按钮，弹出"打开"对话框，在"查找范围"处定位外部文件所在位置，选中导入数据源文件"课程.xls"，单击"打开"按钮，返回到"获取外部数据"对话框中，如图 12-19 所示，单击"确定"按钮。

图 12-18　"外部数据"选项卡

图 12-19　"获取外部数据"对话框-选择数据源和目标

③ 在弹出的"导入数据表向导"对话框中，直接单击"下一步"按钮，如图 12-20 所示。

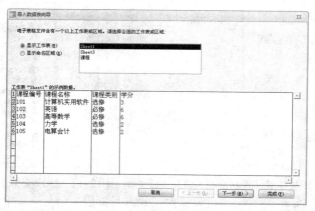

图 12-20　"导入数据表向导"对话框 1

④　在"请确定指定第一行是否包含列标题"对话框中，选中"第一行包含列标题"复选框，然后单击"下一步"按钮，如图 12-21 所示。

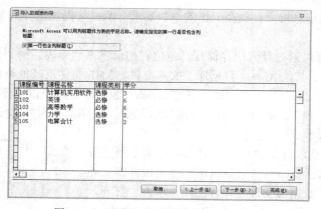

图 12-21　"导入数据表向导"对话框 2

⑤　在打开的指定导入每一字段信息对话框中，指定"课程编号"的数据类型为"文本"，索引项为"有（无重复）"，如图 12-22 所示，然后依次选择其他字段，设置"学分"的数据类型为"整型"，其他默认，单击"下一步"按钮。

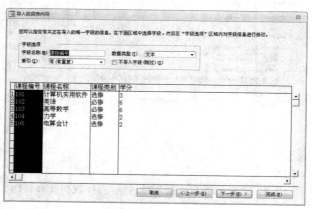

图 12-22　字段选项设置

⑥　在定义主键对话框中，选中"我自己选择主键"，Access 自动选定"课程编号"为主键，单击"下一步"按钮，如图 12-23 所示。

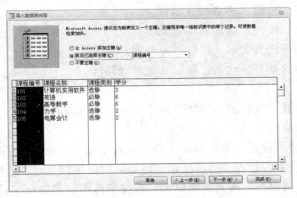

图 12-23　主键设置

⑦　在制定表的名称对话框中，在"导入到表"文本框处，输入"课程"，单击"完成"按钮完成使用导入方法创建表。

6. 主关键字

主关键字又称主键，是唯一能标识表中每一条记录的一个字段或字段的组合。一个表只能有一个主键，但主键不是必需的。一旦表设置主键后，也就创建了索引。主键的值不能重复或是空值（Null），因此，当输入一条新记录到表中时，系统会检查主关键字段输入的内容是否是重复数据或是空值。如果表中某个字段没有重复的内容，就可以将它作为该表的主键。

创建单字段主键的方法是：使用"设计视图"打开表，选中需要设为主键的字段名称，选择"表格工具/设计"选项卡，在"工具"组中单击"主键" 🔑 按钮。

创建多字段主键的方法是：使用"设计视图"打开表，按住【Ctrl】键同时单击选中需要设为主键的多个字段名称，选择"表格工具/设计"选项卡，在"工具"组中单击"主键" 🔑 按钮。

7. 编辑表中记录

数据表中的记录包括定位记录、选择记录、添加记录、删除记录、修改记录、复制记录等操作，还可以调整表的外观，进行字体、字形、颜色等设置。

1）定位记录

在数据表视图中，Access 允许在记录间移动来对要进行操作的记录定位。通过使用表或窗体底部的记录导航按钮，可在数据表视图中浏览记录。既可向前/向后移动一个记录或移到首记录/尾记录，也可通过垂直滚动条进行大范围移动，如图 12-24 所示。

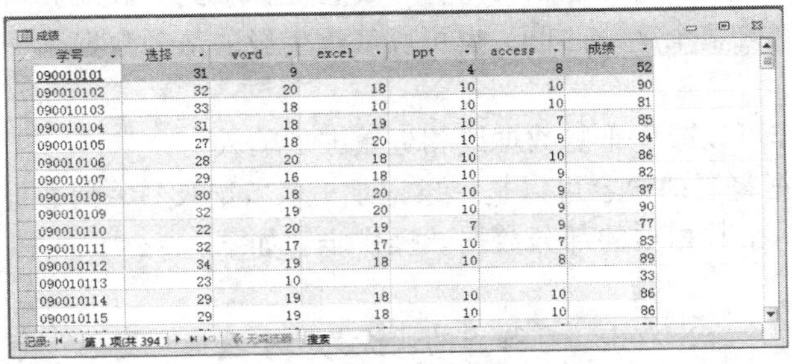

图 12-24　定位记录工具

（1）单击"下一记录"按钮，向后移动一个记录，下一记录处于活动状态。

（2）单击"上一记录"按钮，向前移动一个记录，上一记录处于活动状态。

（3）单击"首记录"按钮，移动到首记录。

（4）单击"尾记录"按钮，移动到尾记录。

（5）在"搜索"框中输入文本，可以迅速搜索具有匹配值的记录。

（6）拖动窗口右边的垂直滚动条，可以在记录间移动。

2）选择数据范围

打开数据表，可在数据表视图中用如下方法选定指定范围的数据。

（1）选择列和单元格区域

① 选择单列中的全部数据：单击列的字段选定器。

② 选择相邻多字段中的数据：单击指定范围第一列的字段选定器，按【Shift】键，单击指定范围最后一列的字段选定器。或者将光标定位在指定范围的第一个字段选定器上，按住鼠标左键拖动鼠标到指定范围的最后一个字段选定器上。

③ 选择单元格区域中数据：移动鼠标到指定区域左上角的单元格，待鼠标指针变成✛后，按左键拖动鼠标到指定区域右下角的单元格。或移动鼠标到指定区域左上角单元格，待鼠标指针变成✛后单击该单元格，然后按【Shift】键，单击指定区域右下角的单元格。

（2）使用鼠标选择记录范围

① 选择一条记录：单击指定记录的记录选定器。

② 选择多条记录：单击指定范围的第一个记录的记录选定器，然后按【Shift】键拖动鼠标到指定范围的最后一行；或按【Shift】键，单击指定范围的最后一行的记录选定器。

3）删除记录

如果需要删除表中不需要的数据，可以使用如下方法删除记录：

（1）在数据库导航窗口中"表"对象下双击要编辑的表。

（2）在数据表视图下右击要删除的记录，在弹出的快捷菜单中选择"删除记录"命令，系统将弹出删除记录提示框。

（3）单击提示框中的"是"按钮，可以删除选定记录。若单击"否"按钮，可以取消删除操作。

在数据表视图下，可以一次删除多条相邻的记录。要一次删除多条相邻的记录，可以在选择记录时先单击第一条记录的选定器，然后按住鼠标拖动到要删除记录的末尾，最后选择快捷菜单中的"删除记录"命令，就可以删除选定的记录。

4）修改记录

在数据表视图下修改数据的方法很简单，只要将光标移到要修改数据的相应字段直接修改即可。修改时，可以修改整个字段的值，也可以修改字段的部分数据。

5）复制记录

利用数据复制操作可以减少重复数据或相近数据的输入。

在 Access 中，数据复制的内容可以是一条记录、多条记录、一列数据、多列数据、一个数据项、多个数据项或一个数据项的部分数据。操作步骤如下：

（1）打开数据表。

（2）选定要复制的内容，右击，在弹出的快捷菜单中选择"复制"命令。

（3）在需粘贴此内容的位置右击，在弹出的快捷菜单中选择"粘贴"命令。

6）调整数据表的外观和设置数据表格式

在数据表视图中，可以设置和修改数据表的格式，如设置行高和列宽、显示和隐藏列、设置显示方式字体大小、排序等。可以在"开始"选项卡中的"排序和筛选"组和"文本格式"组中进行设置。重新安排数据在表中的显示方式可以满足数据处理的需要。

（1）调整行高和列宽

① 用鼠标调整行高的步骤

在数据表视图中打开表，将鼠标指针放在数据表任意两个记录的记录选定器之间，待鼠标指针变成带有双向箭头的十字形，按住鼠标左键，将鼠标拖动到所需行高位置释放鼠标，所有行高都改变到新的高度。

② 用鼠标调整列宽的步骤

在数据表视图中打开表，将鼠标指针放在要调整宽度列选定器的右边缘，待鼠标指针变成带有双向箭头的十字形状，按住鼠标左键，将鼠标拖动到所需宽度释放鼠标。如果需调整列宽以适合其中的数据的宽度，可直接鼠标双击该列选定器的右边缘。

③ 用命令调整行高的步骤

单击数据表中任一单元格，选择"开始"选项卡，单击"记录"组的"其他"下拉按钮，在弹出的下拉列表中单击"行高"命令，弹出"行高"对话框，如图 12-25 所示，在对话框中输入行高值，单击"确定"按钮。

④ 用命令调整列宽的步骤

选定需要调整宽度的字段列，选择"开始"选项卡，单击"记录"组的"其他"下拉按钮，在弹出的下拉列表中单击"字段宽度"命令，弹出"列宽"对话框，如图 12-26 所示，在对话框中输入列宽值，单击"确定"按钮。

图 12-25　"行高"对话框　　　　　图 12-26　"列宽"对话框

（2）隐藏和显示列

在"数据表视图"中，可以将某些字段列暂时隐藏起来，以突出主要数据。需要时再将它们显示出来。

① 隐藏字段

在"数据视图"中打开表，选定需要隐藏的列，选择"开始"选项卡，单击"记录"组的"其他"下拉按钮，在下拉列表中单击"隐藏字段"命令，如图 12-27 所示。

② 取消隐藏字段

在"数据视图"中打开表，选择"开始"选项卡，单击"记录"组的"其他"下拉按钮，在弹出的下拉列表中单击"取消隐藏列"命令，弹出"取消隐藏列"对话框，如图 12-28 所示，勾选隐藏列的字段名，单击"关闭"按钮即可取消隐藏。

（3）设置数据表的格式

在"数据表视图"中可以改变单元格的显示效果，可以改变网格线显示方式和颜色，表格的背景色等。

选择"开始"选项卡，单击"文本格式"组右下角 按钮，弹出"设置数据表格式"对话框，如图 12-29 所示，在此对话框中可以对数据表格式进行设置。

图 12-27　"其他"下拉列表

图 12-28　"取消隐藏列"对话框

（4）设置字符格式

可以改变数据表中数据的字体、字形、字号和颜色。

单击"开始"选项卡"文本格式"组中相应按钮，可以对字符格式进行设置，如 12-30 所示。

图 12-29　"设置数据表格式"对话框

图 12-30　"文本格式"组

8．操作表

操作表包括对数据表进行查找和替换数据，对数据表数据进行升序或降序的排列，对数据表数据进行筛选等操作。

1）查找、替换数据

例如：将"学生"表中"住址"字段值中的"江西"全部改为"江西省"。

操作步骤：用"数据表视图"打开"学生"表，将光标定位到"住址"字段任意一个单元格中，选择"开始"选项卡，在"查找"组中单击"替换"按钮，弹出"查找和替换"对话框，如图 12-31 所示，设置各个选项，单击"全部替换"按钮即可。

2）排序记录

排序就是将数据按照一定的逻辑顺序排列。例如，将学生成绩从高分到低分排列就可以方便地看到成绩排列情况。在 Access 中可以进行简单排序或者高级排序，在进行排序时，Access将重新组织表中记录的顺序。首先了解一下排序的规则。

（1）排序规则

排序是根据当前表中的一个或多个字段的值对整个表中的所有记录进行重新排列。排序时可以按升序排列数据，也可以按降序排列数据。排序时，字段类型不同，排序规则也会有所不同，具体规则如下：

图 12-31　"查找和替换"对话框

① 英文按字母排序，不区分大、小写，升序时按 A 到 Z 排列，降序时按 Z 到 A 排列。

② 中文按拼音字母的顺序排列。

③ 数字按数字的大小排列，升序时从小到大排序，降序时从大到小排序。

④ 日期和时间字段按日期的先后顺序排列。升序时按从前到后的顺序排序，降序时按从后向前的顺序排序。

排序时需要注意以下几点：

① Access 将文本类型字段中保存的数字作为字符串而不是数值来排序，按它们所对应的 ASCII 码值的大小进行排序。若需要按数值顺序来排序，就必须在较短的数字前面加"0"，使得全部的文本字符串具有相同的长度。

② 在按升序对字段进行排序时，如果字段中包含 Null 值和零长度字符串的记录，则首先显示包含 Null 值的记录，接着显示包含零长度字符串的记录。

③ 数据类型为"备注"、"超链接"或"OLE 对象"的字段不能排序。

④ 排序后，排序次序和表一起保存。

（2）单字段排序

按照某一个字段值大小排序，操作比较简单，在"数据表视图"中，选择用于排序记录的字段所在列，选择"开始"选项卡，在"排序和筛选"组中单击"升序" ↓升序 按钮，或"降序" ↓降序 按钮。

（3）多字段排序

需要对多个字段进行排序时，可使用 Access 的"高级筛选/排序"功能设置多个排序字段。多字段排序，首先按第一个字段的值进行排序，如果第一个字段值相等，再按照第二个字段的值进行排序，依次类推，直到排序完成。

例如：

● 在"学生"表中，按"性别"和"年龄"两个字段升序排序。

● 在"学生"表中，先按"性别"升序排序，再按"入校日期"降序排序。

操作步骤：

① 用"数据表视图"打开"学生"表，选中"性别"和"年龄"两列，选择"开始"选项卡，在"排序和筛选"组中单击"升序"按钮 ↓，完成按"性别"和"年龄"两个字段的升序排序。

② 选择"开始"选项卡，在"排序和筛选"组中单击"高级"下拉按钮，在弹出的下拉列表中单击"高级筛选/排序"命令，如图 12-32 所示。

③ 打开"筛选"窗口，在设计网格中"字段"行第 1 列选择"性别"字段，排序方式选择"升序"，第 2 列选择"入校日期"字段，排序方式选择"降序"，结果如图 12-33 所示。

图 12-32　"排序和筛选"组

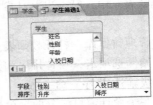

图 12-33　"筛选"窗口

④ 选择"开始"选项卡，在"排序和筛选"组中单击"切换筛选"观察排序结果。

3）筛选记录

筛选是选择查看记录，并不是删除记录。筛选时用户必须先设定筛选条件，然后 Access 按筛选条件筛选并显示满足条件的数据，不满足条件的记录将被隐藏起来。筛选可以使数据更加便于管理。Access 提供了选择筛选、按窗体筛选、高级筛选/排序 3 种方法。

（1）按选定内容筛选记录

选择筛选用于查找某一字段满足一定条件的数据记录，条件包括"等于"、"不等于"、"包含"、"不包含"等，其作用是隐藏不满足条件的记录，显示所有满足条件的记录。

例如：在"学生"表中筛选来自"福建"的学生。

操作步骤：

① 用"数据表视图"打开"学生"表，选定"住址"为"福建"的任一单元格中"福建"两个字。

② 光标定位到所要筛选内容"福建"的某个单元格且选中，选择"开始"选项卡，在"排序和筛选"组中单击"选择" 按钮，在打开的下拉列表中单击"包含'福建'"命令，完成筛选。

（2）按窗体筛选

按窗体筛选是在空白窗体中设置筛选条件，然后查找满足条件的所有记录并显示，可以在窗体中设置多个条件，按窗体筛选是使用最广泛的一种筛选方法。

例如：将"教师"表中的在职男教师筛选出来。

操作步骤：

① 在"数据表视图"中打开"教师"表，选择"开始"选项卡，在"排序和筛选"组中单击"高级"下拉按钮，在打开的下拉列表中单击"按窗体筛选"命令。

② 这时数据表视图转变为一个记录，光标停留在第一列的单元中，按【Tab】键，将光标移到"性别"字段列中。

③ 在"性别"字段中，单击下拉箭头，在打开的列表中选择"男"；然后把光标移到"在职否"字段中，打开下拉列表，选择"1"，如图 12-34 所示。

④ 在"排序和筛选"组中，单击 切换筛选完成筛选。

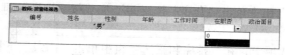

图 12-34　按窗体筛选操作

4）使用高级筛选

使用高级筛选/排序不仅可以筛选满足条件的记录，还可以对筛选的结果进行排序。

例如，在"教师表"中，筛选出九月参加工作的或者政治面貌为"党员"的教师。

操作步骤：

（1）打开教学管理数据库，打开教师表。

（2）选择"开始"选项卡，在"排序和筛选"组中单击"高级"下拉按钮，在打开的下拉列表中单击"按高级筛选/排序"命令。

（3）这时打开一个设计窗口，分两个窗格，上部窗格显示"教师"表，下部是设置筛选条件的窗格。现在已经把"出生日期"字段自动添加到下部窗格中。

（4）在第 1 列的条件单元格中输入"Month([工作时间])=9"，在第 2 列的或单元格中输入"党员"，如图 12-35 所示。

（5）单击"排序和筛选"组中的"切换筛选"按钮，显示筛选的结果。

（6）如果经常进行同样的高级筛选，可以把结果保存下来重新打开"高级"筛选列表，右击"教师表"窗格，在弹出菜单中单击"另存为查询"命令，如图 12-36 所示。在弹出的命名对话框中为高级筛选命名。在高级筛选中，还可以添加更多的字段列和设置更多的筛选条件。

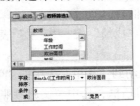

图 12-35　筛选视图　　　　　　　图 12-36　高级筛选另存为查询菜单

高级筛选实际上是创建了一个查询，通过查询可以实现各种复杂条件的筛选。筛选和查询操作是近义的，可以说筛选是一种临时的手动操作，而查询则是一种预先定制操作，在 Access 中查询操作具有更普遍意义。

9．表间关系

在数据库中为每个实体设置了不同的表后，需要定义表间关系来实现信息的合并。在表中定义主键可以保证每条记录被唯一识别，更重要的作用是用于多个表间的连接。当数据库包含多个表时，需要通过主键的连接来创建表间关系，使各表协同工作。

1）关系的作用及种类

关系通过匹配关键字字段中的数据来执行，关键字字段通常是两个表中具有相同名称的字段。大多数情况下，这些匹配的字段是表中的主键，对每一记录提供唯一的标识，在其他表中还有一个外键。关系数据库通过外键来创建表间关系。表间关系分为 3 种：一对一、一对多和多对多。

在一对一关系中，A 表中的每一个记录只能在 B 表中有一个匹配的记录，B 表中的每一记录也只能对应 A 表中的一个记录。此关系类型不常用。一对多关系是最常用的类型，在一对多关系中，A 表中的一个记录可与 B 表中的多个记录匹配，B 表中的记录只能与 A 表中的一个记录匹配。在多对多关系中，A 表中的记录能与 B 表中的多个记录匹配，B 表中的记录也能与 A 表中的多个记录匹配。此关系类型不符合关系型数据库对存储表的要求，只能通过定义连接表把多对多关系转化成多个一对多关系。

2）创建关系

两个表之间的关系是通过一个相关联的字段建立的，在两个相关表中，起着定义相关字段取值范围作用的表称为父表，该字段称为主键；而另一个引用父表中相关字段的表称为子表，该字段称为子表的外键。根据父表和子表中关联字段间的相互关系，表间关系应遵循的原则如下：

（1）一对一关系：父表中的每一条记录只能与子表中的一条记录相关联，在这种表间关系中，父表和子表都必须以相关联的字段为主键。

（2）一对多关系：父表中的每一条记录可与子表中的多条记录相关联，在这种表间关系中，父表必须根据相关联的字段建立主键。

（3）多对多关系：父表中的记录可与子表中的多条记录相关联，而子表中的记录也可与父表中的多条记录相关联。在这种表间关系中，父表与子表之间的关联实际上是通过一个中间数据表来实现的。

例如：创建"TEST.mdb"数据库中表之间的关联。

操作步骤：

（1）打开"TEST.mdb"数据库，选择"数据库工具"选项卡，在"关系"组中单击"关系"
▣ 按钮，打开"关系"窗口，同时弹出"显示表"对话框。

（2）在"显示表"对话框中，分别双击"学生"表、"成绩"表、"院系"表，将其添加到
"关系"窗口中，关闭"显示表"窗口。

（3）选定"成绩"表中的"学号"字段，然后将其拖动到"学生"表中的"学号"字段上，
松开鼠标。此时屏幕显示图 12-37 所示的"编辑关系"对话框，选中"实施参照完整性"复选
框，单击"创建"按钮。

（4）用同样的方法将"学生"表中的"院系代码"字段拖到"院系"表中的"院系代码"
字段上，并在图 12-37 中选中"实施参照完整性"复选框，结果如图 12-38 所示。

图 12-37 "编辑关系"对话框

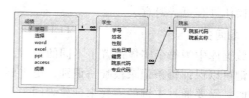

图 12-38 表间关系

（5）单击"保存"按钮，保存表之间的关系，单击"关闭"按钮，关闭"关系"窗口。

在"关系"窗口中，表之间连接线为"1"的那端是主表，表示主键的字段值是无重复的；
表之间连接线为"∞"的那端是相关表或称为子表，表示与主表主键字段相同的字段值有重复
记录，这种表间关系是一对多关系。如果两个表之间的连接线两端都为"1"，则这种表间关系
是一对一关系。

说明：如果选中了"级联更新相关字段"复选框，在主表中更改主键值，将自动更新所有
相关记录中的匹配值。如果选中了"级联删除相关记录"复选框，删除主表中的记录也将删除
任何相关表中的相关记录。如果主表中的主键是自动编号字段，选中"级联更新相关字段"复
选框将没有任何效果，因为不能更改自动编号中的值。

3）删除关系

如果要删除表间关系，操作步骤如下：

（1）在数据库窗口中选择"数据库工具"选项卡，在"关系"组中单击"关系"按钮，再
次打开"关系"窗口。

（2）右击"关系"窗口表之间连接线的细线部分，在弹出的快捷菜单中选择"删除"命令。

10. 查询设计器及其使用

查询是按照一定条件查找数据库中满足条件的数据。Access 2010 的查询有 5 种视图摸式：
数据表视图、数据透视表视图、数据透视图视图、SQL 视图和设计视图。

设计视图又称为示列查询，可通过查询设计器实现查询功能。

"查询设计器"分为上下半部分，上半部分称为"图表"窗格和下半部分称为"设计网格"。

"图表"窗格显示所查询表的视图和内嵌函数。

"设计网格"窗格允许用户在其中指定查询选项、结果的排序方式、搜索条件和分组条件等。

1）单表简单查询

使用查询设计器创建单表的简单查询的方法是：

（1）打开数据库，选择"创建"选项卡，在"查询"组中单击"查询设计"按钮，打开"查询设计器"（查询"设计视图"），同时弹出"显示表"对话框，如图 12-39 所示。

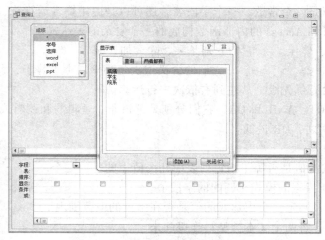

图 12-39　"显示表"对话框

（2）在"显示表"对话框中单击"表"选项卡，列表框中显示当前数据库中所有的表，在列表框中选择要查询的表，单击"添加"按钮，在"设计视图"的图表窗格显示被选表的表结构，选择所有要查询的表，关闭"显示表"对话框。

（3）在"设计视图"的网格中，将光标定位在"表"行上的单元格，单击弹出的下拉按钮，选择包含查询字段的表，将光标定位在"字段"行上的单元格，单击弹出的下拉按钮，选择要查询的字段，指定查询条件和其他设置（排序和是否显示等），在"查询工具设计"选项卡的"结果"组中单击"运行" ！按钮显示查询结果。

（4）查询中使用字段表达式

在查询中可以直接引用字段名来显示一个字段的值，也可以显示字段表达式的计算结果。

例如：查询学校各院系学生借阅图书总天数，如图 12-40 所示，借阅天数是由借阅日期和归还日期两部分而定。则需要在"设计网格"中创建一个名为"天数"的新字段，在空白"字段"单元格内输入"天数：Sum([借阅]![归还日期]-[借阅]![借阅日期])"。"天数"字段名仅仅用于显示查询结果，而不会在数据表中增加一个字段。执行查询命令后，在该字段名单元格中显示"天数"，在该列其他单元格显示由函数 Sum([借阅]![归还日期]-[借阅]![借阅日期])的计算结果。参数表达式中字段名必须用方括号括起来，表示在表达式中引用字段的值；[借阅]![归还日期]表示引用借阅表中的归还日期字段的值。

图 12-40　"网格"窗口

字段表达式中所引用字段的类型是数字或货币类型，就可以进行数值计算，若字段的类型是文本类型，只能进行连接运算。

（5）查询条件表达式中的运算符

在数据表中查找满足一定条件的记录，需要在设计视图中的"条件"行输入查询条件表达式。条件表达式可以是一个常数、一个字段名，还可以是由用算术运算符、比较运算符、逻辑运算符、特殊运算符和 Access 的内部函数构成的一个复杂的表达式。

算术运算符：*、/、+、-，它们分别是乘、除、加、减。

关系运算符：<、<=、>、>=、<>它们的含义依次是小于、小于等于、大于、大于等于和不等于。关系运算符没有优先级，从左到右依次进行运算。

逻辑运算符：NOT、AND 和 OR，它们分别是逻辑非、逻辑与和逻辑或。逻辑运算符 NOT 优先级最高，AND 次之，OR 最低。

其他运算符：

IN：确定表达式的值是否等于指定列表中几个值中的任何一个。

LINK：查找与所指定的模式相匹配的字段值。

BETWEEN AND：判定一个表达式的值是否在指定的值范围内。

&：连接运算符，将两个文本类型量连接起来。

（6）保存查询

查询设计好后，单击快速访问工具栏上的"保存"按钮，在"另存为"对话框的"查询名称"文本框输入查询名称，单击"确定"按钮。

2）多表汇总查询

使用查询设计器创建多表汇总查询的方法是：

（1）打开数据库，选择"创建"选项卡，在"查询"组中单击"查询设计"按钮，打开查询"设计视图"，同时弹出"显示表"对话框。

（2）在"显示表"中单击"表"选项卡，列表框中显示当前数据库中所有的表，在列表框中选择要查询的表，单击"添加"按钮，在"设计视图"的图表窗格显示刚选中的表，依次选择所有要查询的表，关闭"显示表"对话框。

（3）添加表后如果数据库各表之间已经建立好关联，则可直接进行查询，如果表的关联未建立，在多表查询时应先为数据库中各表建立关联。如果已添加的表两两之间有线连接则表示关联已建立，否则即没有关联。如图 12-41 所示为已建立关联。在设计视图查询中可临时为数据库中的各表建立关联，方法是使用鼠标左键拖拽的方式将每两个表中相同字段连接即可。

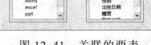

图 12-41　关联的两表

（4）在"设计视图"的网格中，将光标定位在"表"行上的单元格上，单击弹出的下拉按钮，选择包含查询字段的表，将光标定位在"字段"行上的单元格，单击弹出的下拉按钮，选择要查询的字段，指定查询条件、分组和其他设置（排序和是否显示等），在"查询工具设计"选项卡的"显示/隐藏"组中单击 Σ "汇总"按钮，"设计视图"的网格中显示出"总计"行，在此行中可为对应字段进行如"分组"、"总计"、"计数"等操作，如图 12-42 所示，在"查询工具设计"选项卡的"结果"组中单击"运行" ❗按钮显示查询结果。

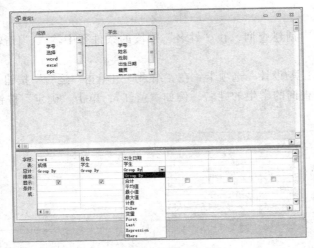

图 12-42 多表汇总查询

3）使用设计视图创建交叉表查询

例如：使用设计视图创建交叉表查询，用于统计各院系男女生的平均成绩，要求不做各行小计。

操作步骤：

（1）在设计视图中创建查询，并将"院系"、"成绩"和"学生"三个表添加到查询设计视图中。

（2）双击"院系"表中的"院系名称"字段，"学生"表中的"性别"字段，"成绩"表中的"成绩"字段，将它们添加到"字段"行的第1～3列中。

（3）选择"查询类型"组，"交叉表"。

（4）在"院系名称"字段的"交叉表"行，选择"行标题"选项，在"性别"字段的"交叉表"行，选择"列标题"选项，在"成绩"字段的"交叉表"行，选择"值"选项，在"成绩"字段的"总计"行，选择"平均值"选项，设置结果如图12-43所示。

（5）单击"保存"按钮，将查询命名为"统计各院系男女生的平均成绩"。运行查询，查看结果如图12-44所示。

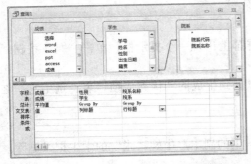

图 12-43 设计视图创建交叉表查询

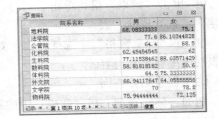

图 12-44 查询结果

4）创建参数查询

例如：按照学生"姓名"查看某学生的成绩，并显示学生"学号"、"姓名"、"院系名称"和"成绩"等字段。

操作步骤：

（1）在设计视图中创建查询，在"姓名"字段的条件行中输入"[请输入学生姓名]"，如图 12-45 所示。

（2）选择"查询工具/设计"选项卡，在"结果"组单击"运行"按钮，在"请输入学生姓名"文本框中输入要查询的学生的姓名，例如"董红"，单击"确定"按钮，显示查询结果如图 12-46 所示。

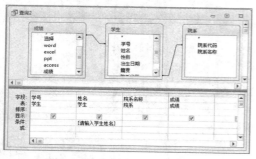

图 12-45　创建单参数查询

图 12-46　查询结果

5）创建操作查询

（1）创建生成表查询

例如：将成绩在 90 分以上学生的"学号"、"姓名"、"成绩"存储到"优秀成绩"表中。

操作步骤：

① 在设计视图中创建查询，并将"学生"表和"成绩"表添加到查询设计视图中。

② 双击"学生"表中的"学号"、"姓名"字段，"成绩"表中的"成绩"字段，将它们添加到设计网格中"字段"行中。

③ 在"成绩"字段的"条件"行中输入条件">=90"。

④ 选择"查询工具/设计"选项卡，在"查询类型"组中单击"生成表"按钮，弹出"生成表"对话框。

⑤ 在"表名称"文本框中输入要创建的表名称"优秀成绩"，并选中"当前数据库"选项，单击"确定"按钮。

⑥ 单击"结果"组，"视图"按钮，预览记录

⑦ 保存查询，查询名称为"生成表查询"

⑧ 单击"结果"组，单击"运行"按钮，屏幕上出现一个提示框，单击"是"按钮，开始建立"优秀成绩"表。

⑨ 在"导航窗格"中选择"表"对象，可以看到生成的"优秀成绩"表，选中它，在数据表视图中查看其内容。

（2）创建删除查询

例如：创建查询，将"学生"表的备份表"学生的副本"中姓"张"的学生记录删除。

操作步骤：

① 在"导航窗格"，"表"对象，选择"文件"选项卡，单击"对象另存为"命令，输入新的表名"学生表副本"。

② 在设计视图中创建查询，并将"学生的副本"表添加到查询设计视图中。

③ 选择"查询工具/设计"选项卡，在"查询类型"组中单击"删除"按钮，设计网格中增加一个"删除"行。

④ 双击字段列表中的"姓名"字段，将它添加到设计网格中"字段"行中，该字段的"删除"行显示"Where"，在该字段的"条件"行中输入条件"Left([姓名]，1)="张""，如图12-47所示。

⑤ 单击工具栏上的"视图"按钮，预览要删除的一组记录。

⑥ 保存查询为"删除查询"。

⑦ 单击工具栏上的"运行"按钮，单击"是"按钮，完成删除查询的运行。

⑧ 打开"学生的副本"表，查看姓"张"的学生记录是否被删除。

（3）创建更新查询

例如：创建更新查询，将"选择"大于"30"的"成绩"增加5分。

操作步骤：

① 在设计视图中创建查询，并将"成绩"表添加到查询设计视图中。

② 双击"成绩"表中的"选择"、"成绩"字段，将它们添加到设计网格中"字段"行中。

③ 选择"查询工具/设计"选项卡，在"查询类型"组中单击"更新"按钮，设计网格中增加一个"更新到"行。

④ 在"选择"字段的"条件"行中输入条件">30"，在"成绩"字段的"更新到"行中输入"[成绩]+5"，如图12-48所示。

图12-47　删除查询

图12-48　更新查询

⑤ 单击工具栏上的"视图"按钮，预览要更新的一组记录。

⑥ 保存查询为"更新查询"。

⑦ 单击工具栏上的"运行"按钮，单击"是"按钮，完成更新查询的运行。

⑧ 打开"成绩"表，查看成绩是否发生了变化。

（4）创建追加查询

例如：创建查询，将成绩在80～89分之间的学生记录添加到已建立的"优秀成绩"表中。

操作步骤：

① 在设计视图中创建查询，并将"学生"表和"成绩"表添加到查询设计视图中。

② 选择"查询工具/设计"选项卡，在"查询类型"组中选择"追加"按钮，弹出"追加"对话框，如图12-49所示。

③ 在"追加到"选项中的"表名称"下拉列表框中选"优秀成绩"表，选中"当前数据库"选项，单击"确定"按钮，设计网格中增加一个"追加到"行。

④ 双击"学生"表中的"学号"、"姓名"字段，"成绩"表中的"成绩"字段，将它们添

加到设计网格中"字段"行中，"追加到"行中自动填上"学生编号"、"姓名"和"成绩"。

⑤ 在"成绩"字段的"条件"行中，输入条件">=80 And <90"。

⑥ 单击工具栏上的"视图"按钮，预览要追加的一组记录。

⑦ 保存查询为"追加记录"。

⑧ 单击工具栏上的"运行"按钮，单击"是"按钮，完成记录的追加。

⑨ 打开"优秀成绩"表，查看追加的记录。

6）创建 SQL 查询

例如：对"学生"表进行查询，显示全部学生信息。

操作步骤：

（1）在设计视图中创建查询，不添加任何表，在"显示表"对话框中直接单击"关闭"按钮，进入空白的查询设计视图。

（2）单击"查询类型"，单击"SQL 视图"按钮（也可以右击"查询 1"选项卡，在弹出的快捷菜单中选择"SQL 视图"命令，如图 12-50 所示），进入 SQL 视图。

图 12-49　"追加"对话框

图 12-50　快捷菜单

（3）在 SQL 视图中输入以下语句：SELECT*FROM 学生。

（4）保存查询"SQL 查询"。

（5）单击"运行"按钮，显示查询结果。

三、实验内容

在 D 盘的根目录下新建一个以本人学号和姓名为文件名的作业文件夹，文件夹名称例如："2010030100001 张三"，下称这个文件夹为作业文件夹，完成以下内容：

（1）建立一个空的数据库，名称为"学生成绩表"。

（2）创建一个数据表，名称为"成绩表"，表结构和内容如表 12-5 所示。

表 12-5　成绩表

姓　　名	语　　文	数　　学	英　　语	综　　合
陈纯	108	107	105	190
陈小磊	113	108	110	192
陈妤	102	119	116	171
陈子晖	117	114	104	176
丁海斌	117	114	96	163
丁一	104	72	116	157
杜琴庆	117	108	102	147
冯文博	98	120	116	182
高凌敏	114	123	116	163

（3）对"成绩表"表中的记录按"综合"字段进行降序排序。

（4）设置"成绩表"表的主键为"姓名"和"综合"。

（5）打开素材文件夹中"TEST.mdb"数据库，数据库包括"院系"、"学生"、"图书"和"借阅"表，表的所有字段均用汉字来命名以表示其意义。按下列要求进行操作：

a．基于"图书"表，查询藏书数超过 5 本以上（含 5 本）的所有图书，要求输出书编号、书名、作者及藏书数，查询保存为"CX1"。

b．基于"学生"、"图书"及"借阅"表，查询学号为"090030107"的学生所借阅的图书，要求输出学号、姓名、书编号、书名、作者，查询保存为"CX2"。

c．基于"图书"表，查询价格大于等于 30 元的所有图书，要求输出书编号、书名、作者及价格，查询保存为"CX3"。

d．基于"图书"表，查询收藏的各出版社图书均价，要求输出出版社及均价，查询保存为"CX4"。

e．基于"院系"、"学生"、"借阅"表，查询各院系学生借书总次数，要求输出院系代码、院系名称和次数，查询保存为"CX5"。

f．基于"院系"、"学生"、"借阅"表，查询各院系学生借阅图书总天数（借阅天数＝归还日期－借阅日期），要求输出院系代码、院系名称和天数，查询保存为"CX6"。

g．保存数据库"TEST.accdb"。

四、实验步骤

在 D 盘的根目录下新建一个以本人学号和姓名为文件名的作业文件夹，文件夹名称例如："2010030100001 张三"，下称这个文件夹为作业文件夹，完成以下内容：

（1）建立一个空的数据库，名称为"学生成绩表"。

步骤 1：单击"开始"→"所有程序"→"Microsoft Office"→"Microsoft Access 2010"。

步骤 2：打开 Access 2010 后，选择"文件"选项卡，在"可用模板"列表中单击"空数据库"命令，选择数据库的保存位置，并将数据库名称设为"学生成绩表"，在右侧窗格下面，单击"创建"按钮。

（2）创建一个数据表，名称为"成绩表"，表结构和内容如表 12-5 所示。

步骤 1：创建空白数据库后自动创建了一个名称为"表 1"的数据表，并以数据表视图方式打开，选择"表格工具"选项卡下的"字段"子选项卡→在"视图"组中单击"视图"下拉按钮→在下拉列表中选择"设计视图"命令→切换时系统会弹出"另存为"对话框提示先保存表，如图 12-51 所示，在对话框中输入表名为"成绩表"→单击"确定"按钮，将表由数据表视图切换为设计视图，打开表的设计视图，按照表 12-5 所示成绩表结构内容，在"字段名称"列输入字段名称，在"数据类型"列中选择相应的数据类型，在常规属性窗格中设置字段大小，如图 12-52 所示。

步骤 2：选择"表格工具/设计"选项卡，在"视图"组中单击"视图"下拉按钮，选择"数据表视图"将设计视图切换为数据表视图，Access 软件提示"必须先保存表"，如图 12-52 所示，单击"是"按钮，视图由"设计视图"切换到"数据表视图"。

步骤 3：在"数据表视图"中根据题目要求输入表内容，如图 12-54 所示。

（3）对"成绩表"表中的记录按"综合"字段进行降序排序。

步骤：在"数据表视图"中单击要用于排序记录的字段"综合"，选择"开始"选项卡，在"排序和筛选"组中单击 降序按钮进行排序。

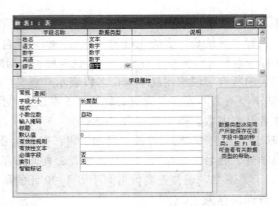

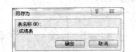

图 12-51 “另存为”对话框

图 12-52 表结构设计视图

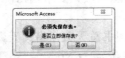

图 12-53 提示保存对话框

姓名	语文	数学	英语	综合
陈纯	106	107	105	190
陈小磊	113	108	110	192
陈妤	102	119	116	171
陈子晖	117	114	104	176
丁海斌	117	114	96	163
丁一	104	72	116	157
杜琴庆	117	108	102	147
冯文博	98	120	116	162
高凌敏	114	123	116	163
	0	0	0	0

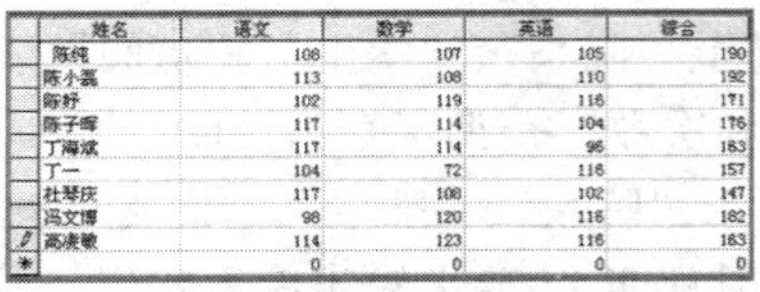

图 12-54 成绩表数据表视图

（4）设置“成绩表”表的主键为“姓名”和“综合”。

步骤：选择“表格工具/设计”选项卡，在“视图”组中单击“视图”下拉按钮，在下拉列表中选择“设计视图”命令，将数据表视图切换为设计视图，按住键盘上的【Ctrl】键，同时单击选中“姓名”和“综合”两个字段，在“表格工具/设计”选项卡的“工具”组中单击“主键”按钮将“姓名”和“综合”两个字段组合起来设为主键。

（5）打开素材文件夹中“TEST.accdb”数据库，数据库包括“院系”、“学生”、“图书”和“借阅”表，表的所有字段均用汉字来命名以表示其意义。按下列要求进行操作：

步骤：创建查询前，先为数据库中的表建立关系

① 打开“TEST.accdb”数据库，选择“数据库工具”选项卡，在“关系”组中单击“关系”按钮，打开“关系”窗口，同时打开“显示表”对话框。

② 在“显示表”对话框中，分别双击“借阅”表、“图书”表、“院系”表和“学生”表，将其添加到“关系”窗口中，关闭“显示表”窗口。

③ 选定“借阅”表中的“学号”字段，然后按下鼠标左键并拖动到“学生”表中的“学号”字段上，松开鼠标，此时屏幕弹出“编辑关系”对话框，单击“创建”按钮。

④ 用同样的方法为其余各表间建立关系，结果如图 12-55 所示。

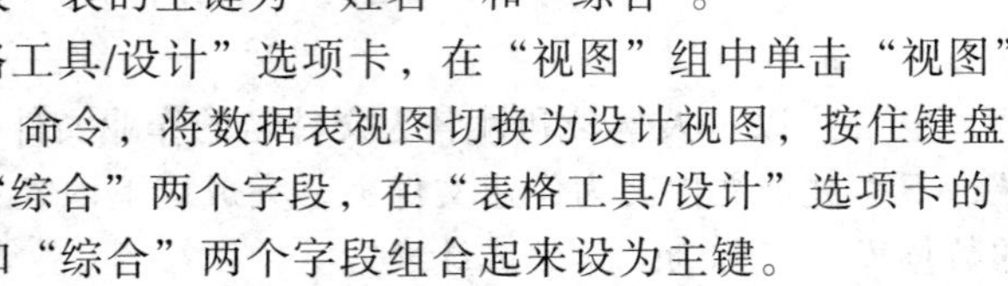

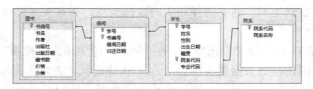

图 12-55 表间关系

⑤ 单击快速访问工具栏上的“保存”按钮，保存表之间的关系，单击“关闭”按钮，关闭“关系”窗口。

a. 基于“图书”表，查询藏书数超过 5 本以上（含 5 本）的所有图书，要求输出书编号、

书名、作者及藏书数，查询保存为"CX1"。

步骤 1：选择"创建"选项卡，在"查询"组中单击"查询设计"按钮，打开"查询设计器"（"选择查询"）窗口，同时弹出"显示表"对话框，在"显示表"对话框中单击"表"选项卡，双击"图书"选项，则"图书"表结构视图显示在图表窗格中，单击"关闭"按钮关闭"显示表"对话框，如图 12-56 所示。

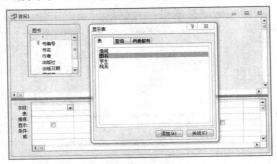

图 12-56　查询设计视图中添加表

步骤 2：选择需要显示的字段名"书编号"、"书名"、"作者"及"藏书数"，将它们添加到查询设计区的网格中，如图 12-57 所示。

步骤 3：根据要求设置查询的条件，本题条件为"藏书数">=5，如图 12-58 所示。

注意：条件表达式中的运算符和空格必须是西文字符。

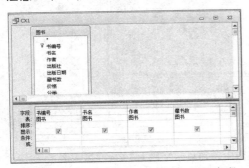

图 12-57　查询设计视图中添加显示字段

图 12-58　查询设计视图中添加查询条件

步骤 4：在"查询工具/设计"选项卡的"结果"组中单击"运行"按钮显示查询结果，如图 12-59 所示，可在"视图"下拉菜单中切换回设计视图。

步骤 5：单击快速访问工具栏上的"保存"按钮，在弹出的"另存为"对话框中，输入查询名称"CX1"，如图 12-60 所示。

图 12-59　查询结果数据表视图

图 12-60　"另存为"对话框

　　b. 基于"学生"、"图书"及"借阅"表，查询学号为"090030107"的学生所借阅的图书，要求输出学号、姓名、书编号、书名、作者，查询保存为"CX2"；

　　步骤 1： 选择"创建"选项卡，在"查询"组中单击"查询设计"按钮，打开"查询设计器"（"选择查询"）窗口，同时弹出"显示表"对话框，在"显示表"对话框中单击"表"选项卡，双击"学生"、"图书"及"借阅"选项，"学生"、"图书"及"借阅"表结构视图显示在图表窗格中，单击"关闭"按钮关闭"显示表"对话框，如图 12-61 所示。

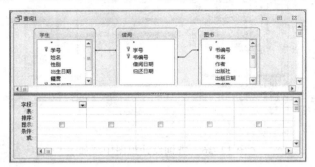

图 12-61　查询设计视图中添加表

　　步骤 2： 选择需要显示的字段名"学号"、"姓名"、"书编号"、"书名"、"作者"，将它们添加到查询设计区的网格中，如图 12-62 所示。

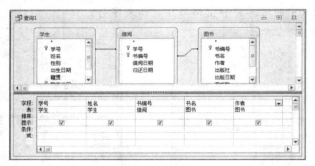

图 12-62　查询设计视图中添加显示字段

　　步骤 3： 根据要求设置查询的条件，本题条件为学号为"090030107"，如图 12-63 所示。

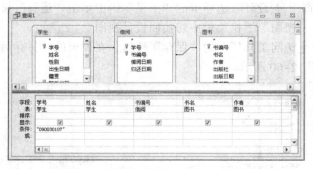

图 12-63　查询设计视图中添加查询条件

　　步骤 4： 在"查询工具/设计"选项卡的"结果"组中单击"运行"按钮显示查询结果，如图 12-64 所示，可在"视图"下拉菜单中切换回设计视图。

图 12-64　查询结果数据表视图

步骤 5：单击快速访问工具栏上的"保存"按钮，在弹出的"另存为"对话框中，输入查询名称"CX2"。

c. 基于"图书"表，查询价格大于等于 30 元的所有图书，要求输出书编号、书名、作者及价格，查询保存为"CX3"。

步骤 1：选择"创建"选项卡，在"查询"组中单击"查询设计"按钮，打开"查询设计器"（"选择查询"窗口），同时弹出"显示表"对话框，在"显示表"中单击"表"选项卡，双击"图书"选项，"图书"表结构视图显示在图表窗格中，单击"关闭"按钮关闭"显示表"对话框。

步骤 2：选择需要显示的字段名"书编号"、"书名"、"作者"及"价格"，将它们添加到查询设计区的网格中。

步骤 3：根据要求设置查询的条件，本题条件为"价格">=30。

意：条件表达式中的运算符和空格必须是西文字符。

步骤 4：在"查询工具设计"选项卡的"结果"组中单击"运行"按钮显示查询结果，如图 12-65 所示，可在"视图"下拉菜单中切换回设计视图。

步骤 5：单击快速访问工具栏上的"保存"按钮，在弹出的"另存为"对话框中，输入查询名称"CX3"。

d. 基于"图书"表，查询收藏的各出版社图书均价，要求输出出版社及均价，查询保存为"CX4"。

步骤 1：选择"创建"选项卡，在"查询"组中单击"查询设计"按钮，打开"查询设计器"（"选择查询"窗口），同时弹出"显示表"对话框，在"显示表"中单击"表"选项卡，双击"图书"选项，"图书"表结构视图显示在图表窗格中，单击"关闭"按钮关闭"显示表"对话框。

步骤 2：选择需要显示的字段名"出版社"及"价格"，将它们添加到查询设计区的网格中。

步骤 3：根据要求设置查询的条件，本题条件求图书的均价，在"查询工具/设计"选项卡的"显示/隐藏"组中单击"汇总"按钮，在查询设计区的网格中添加"总计"栏，字段"出版社"设为"分组"，字段"价格"设为"平均值"，如图 12-66 所示。

图 12-65　查询结果数据表视图　　图 12-66　查询设计视图中添加查询条件

步骤 4：在查询设计区的网格中字段"价格"的前面加入西文状态下的冒号，冒号前输入最终显示的字段名"均价"，如图 12-67 所示。

步骤 5：在"查询工具设计"选项卡的"结果"组中单击"运行"按钮显示查询结果，如图 12-68 所示，可在"视图"下拉菜单中切换回设计视图。

图 12-67　设置字段显示名称　　　　　　图 12-68　查询结果数据表视图

步骤 6：单击快速访问工具栏上的"保存"按钮，在弹出的"另存为"对话框中，输入查询名称"CX4"。

e. 基于"院系"、"学生"、"借阅"表，查询各院系学生借书总次数，要求输出院系代码、院系名称和次数，查询保存为"CX5"。

步骤 1：选择"创建"选项卡，在"查询"组中单击"查询设计"按钮，打开"查询设计器"（"选择查询"窗口），同时弹出"显示表"对话框，在"显示表"中单击"表"选项卡，双击"院系"、"学生"、"借阅"选项，"院系"、"学生"、"借阅"表结构视图显示在图表窗格中，单击"关闭"按钮关闭"显示表"对话框。

步骤 2：选择需要显示的字段名"院系代码"、"院系名称"和"书编号"（用于计数），将它们添加到查询设计区的网格中。

步骤 3：根据要求设置查询的条件，本题条件查询各院系学生借书总次数，在"查询工具/设计"选项卡的"显示/隐藏"组中单击"汇总"按钮，在查询设计区的网格中添加"总计"栏，字段"院系代码"和"院系名称"都设为"分组"，字段"书编号"设为"计数"，如图 12-69 所示。

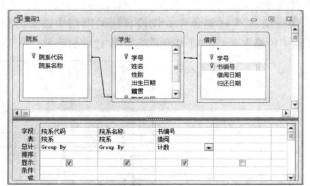

图 12-69　查询设计视图中添加查询条件

步骤 4：在查询设计区的网格中字段"书编号"的前面加入西文状态下的冒号，冒号前输入最终显示的字段名"次数"，如图 12-70 所示。

步骤 5：在"查询工具/设计"选项卡的"结果"组中单击"运行"按钮显示查询结果，如图 12-71 所示，可在"视图"下拉菜单中切换回设计视图。

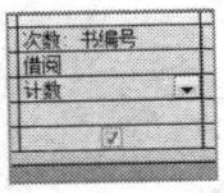

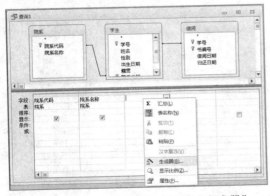

图 12-70 设置字段显示名称

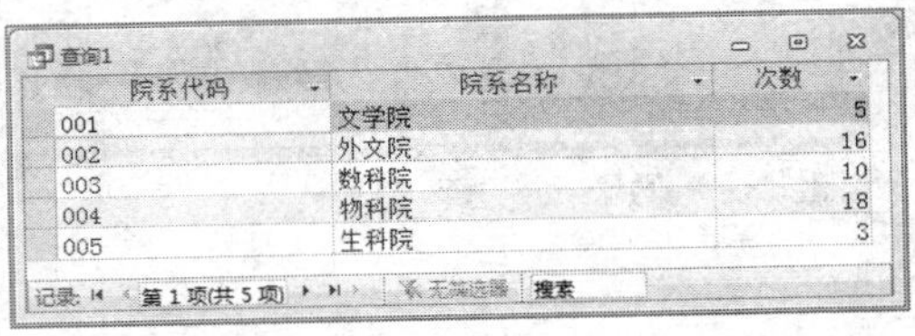

图 12-71 查询结果数据表视图

步骤 6：单击快速访问工具栏上的"保存"按钮，在弹出的"另存为"对话框中，输入查询名称"CX5"。

f. 基于"院系"、"学生"、"借阅"表，查询各院系学生借阅图书总天数（借阅天数＝归还日期－借阅日期），要求输出院系代码、院系名称和天数，查询保存为"CX6"。

步骤 1：选择"创建"选项卡，在"查询"组中单击"查询设计"按钮，打开"查询设计器"（"选择查询"窗口），同时弹出"显示表"对话框，在"显示表"中单击"表"选项卡，双击"院系"、"学生"、"借阅"选项，"院系"、"学生"、"借阅"表结构视图显示在图表窗格中，关闭"显示表"对话框。

步骤 2：选择需要显示的字段名"院系代码"、"院系名称"，将它们添加到查询设计区的网格中。

步骤 3：在一个空白字段中右击调用快捷菜单，选择"生成器"命令，如图 12-72 所示。

步骤 4：在"表达式生成器"对话框中生成借阅天数表达式"[借阅]![归还日期] － [借阅]![借阅日期]"，如图 12-73 所示，单击"确定"按钮返回。

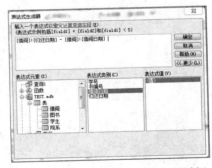

图 12-72 利用快捷菜单调用"生成器"

图 12-73 "表达式生成器"对话框

步骤 5：显示该字段，如图 12-74 所示。

步骤 6：将"表达式 1"更名为"天数"，如图 12-75 所示。

步骤 7：根据要求设置查询的条件，本题条件查询各院系学生借书总天数，在"查询工具/设计"选项卡的"显示/隐藏"组中单击"汇总"按钮，在查询设计区的网格中添加"总计"栏，字段"院系代码"和"院系名称"都设为"分组"，字段"天数"设为"合计"，如图 12-76 所示。

步骤 8：在"查询工具/设计"选项卡的"结果"组中单击"运行"按钮显示查询结果，如图 12-77 所示，可在"视图"下拉菜单中切换回设计视图。

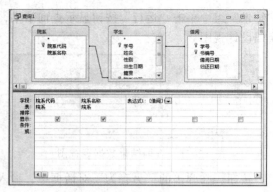

图 12-74 设计视图

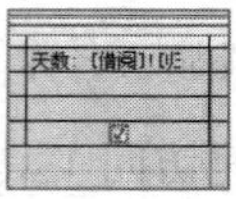

图 12-75 修改字段名称

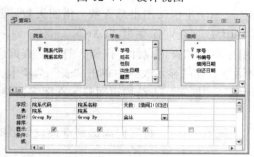

图 12-76 查询设计视图中添加查询条件

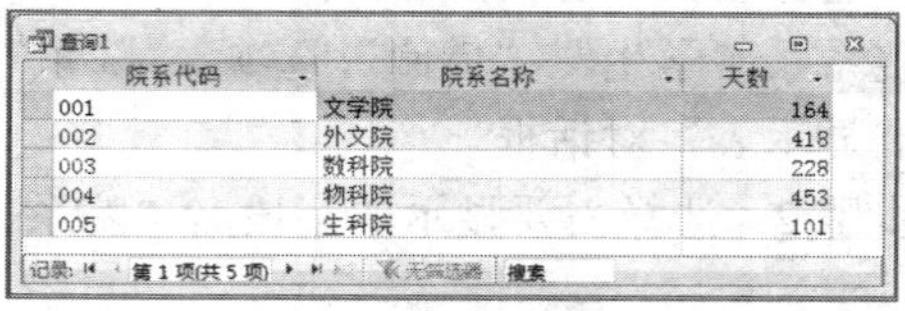

图 12-77 查询结果数据表视图

步骤 9：单击快速访问工具栏上的"保存"按钮，在弹出的"另存为"对话框中，输入查询名称"CX6"。

g. 保存数据库"TEST.accdb"。

★实验十三 　Access 2010 综合实验

一、实验目的

Access 2010 数据库查询练习。

二、实验内容

在 D 盘的根目录下新建一个以本人学号和姓名为文件名的作业文件夹，文件夹名称例如："2010030100001 张三"，下称这个文件夹为作业文件夹，完成以下内容：

实验 1

（1）建立一个空的数据库，名称为"美食调查"。

（2）创建两个数据表，表结构和内容如表 13-1、表 13-2 所示。

表 13-1　顾客调查表

姓　名	性　别	年　龄	店 编 号
阿黄	男	25	3
小妙	女	18	1
菠萝	男	19	1
柳柳	女	23	4
小马	女	28	3
星星	男	21	2
张小牛	男	30	3
豆子	女	23	2

表 13-2　店名表

店 编 号	店　名
1	肯德基
2	必胜客
3	北京烤鸭店
4	悠仙美地咖啡屋

（3）按照表内容进行输入（"顾客调查表"中的"店编号"表示该顾客爱吃的店的编号），要求"店名"表中"店名"字段的每个值都超级链接到其主页，例如"肯德基"超链到其主页 http://www.kfc.com.cn。

（4）设置"顾客调查"表的主键为"姓名"，"店名"表的主键为"店编号"。

（5）在"顾客调查"表中添加一条记录（大姚,男,28,3）。

（6）对"顾客调查"表中的记录按"年龄"字段进行降序排序。

（7）创建一个基于"顾客调查"表的查询，查找所有女顾客的记录，查询名为"女顾客查询"。

（8）创建一个汇总查询，查询"顾客调查"表中男女顾客的人数，查询名为"人数查询"。

（9）创建一个生成表查询，查询所有男顾客的记录存入新表"男顾客"中，查询名为"男顾客查询"。

（10）另外建一个"网友调查"表，表结构与"顾客调查"表一样，记录为（球球,男,18,1）、（王子,女,20,4）和（流水,男,19,2），创建一个追加查询，将"网友调查"表追加到"顾客调查"表后，查询名为"顾客追加查询"。

（11）基于追加数据后的"顾客调查"表创建一个更新查询，将所有顾客的年龄都加1岁，查询名为"更新年龄查询"。

（12）基于"顾客调查"表创建一个删除查询，删除所有爱吃的店是"悠仙美地咖啡屋"的顾客记录，查询名为"删除记录查询"。

（13）基于"顾客调查"和"店名"表，查询性别为女生的顾客，要求输出姓名、年龄、店名，查询名为"女生综合信息查询"。

（14）基于"顾客调查"和"店名"表，查询各店顾客的平均年龄，要求输出店编号、店名和平均年龄，查询名为"年龄综合信息查询"。

（15）基于"顾客调查"和"店名"表，查询爱吃各店的男女顾客的人数，并且满足年龄大于20岁，要求输出店名、性别、人数，查询名为"人数综合信息查询"。

（16）把"顾客调查"表导出到Excel中，文件名为"顾客调查.xls"。

（17）把"店名"表导出到另一个数据库"美食榜"中（需要新建数据库）。

实验2

打开"实验素材"文件夹中"TEST1.accdb"数据库，数据库包括"院系"、"学生"和"成绩"表，表的所有字段均用汉字来命名以表示其意义。按下列要求进行操作：

（1）基于"学生"表，查询所有女学生的名单，要求输出学号、姓名，查询保存为"CX1"。

（2）基于"学生"表，查询所有"1991-7-1"及其以后出生的学生名单，要求输出学号、姓名，查询保存为"CX2"。

（3）基于"院系"、"学生"、"成绩"表，查询各院系学生成绩的均分，要求输出院系代码、院系名称、成绩均分，查询保存为"CX3"。

（4）基于"院系"、"学生"、"成绩"表，查询各院系男女学生成绩合格（"成绩"大于等于60分且"选择"得分大于等于24分）的人数，要求输出院系名称、性别、人数，查询保存为"CX4"。

（5）基于"学生"表，查询所有籍贯为"山东"的学生名单，要求输出学号、姓名，查询保存为"CX5"。

（6）基于"院系"、"学生"、"成绩"表，查询各院系男女学生"成绩"的均分，要求输出院系代码、院系名称、性别、成绩均分，查询保存为"CX6"。

（7）基于"学生"、"成绩"表，查询所有成绩不及格（"成绩"小于60分）的学生名单，要求输出学号、姓名、成绩，查询保存为"CX7"。

（8）基于"院系"、"学生"表，查询各院系学生人数，要求输出院系代码、院系名称和人数，查询保存为"CX8"。

（9）保存数据库"TEST1.accdb"。

实验 3

打开素材文件夹中"TEST2.accdb"数据库，数据库包括"院系"、"学生"、"图书"和"借阅"表，表的所有字段均用汉字来命名以表示其意义。按下列要求进行操作：

（1）基于"学生"、"图书"及"借阅"表，查询"2006-3-1"借出的所有图书，要求输出学号、姓名、书编号、书名及作者，查询保存为"CX1"。

（2）基于"图书"表，查询收藏的各出版社不同分类图书均价，要求输出出版社、分类及均价，查询保存为"CX2"。

（3）基于"图书"表，查询所有"清华大学出版社"出版的图书，要求输出书编号、书名、作者及价格，查询保存为"CX3"。

（4）基于"图书"、"借阅"表，查询每种图书借阅总天数（借阅天数＝归还日期－借阅日期，只考虑已借出图书），要求输出书编号、书名及天数，查询保存为"CX4"。

（5）基于"图书"表，查询所有"2007-1-1"及其以后出版的图书，要求输出书编号、书名、作者及价格，查询保存为"CX5"。

（6）基于"图书"、"借阅"表，查询图书借出次数（只考虑已借出图书），要求输出书编号、书名及次数，查询保存为"CX6"。

（7）基于"学生"、"图书"及"借阅"表，查询"2006-8-29"归还的所有图书，要求输出学号、姓名、书编号、书名及作者，查询保存为"CX7"。

（8）基于"学生"、"借阅"表，查询学生借阅图书次数，要求输出学号、姓名及次数，查询保存为"CX8"。

（9）基于"图书"表，查询作者"邓炎才"编著的图书，要求输出书编号、书名及出版社，查询保存为"CX9"。

（10）基于"图书"表，查询收藏的各出版社藏书册数（册数为藏书数之和），要求输出出版社、册数，查询保存为"CX10"。

（11）保存数据库"TEST2.accdb"。

综合试题（一）

（2015 年春季江苏省计算机一级真题 T01）

在 D 盘的根目录下新建一个以本人学号和姓名为文件名的作业文件夹，文件夹名称例如："2010030100001 张三"，下称这个文件夹为作业文件夹，完成以下内容：

1. 打开素材文件夹中的 ED1.rtf 文件，参考样张按下列要求进行操作：

（1）将页面设置为：A4 纸，上、下、左、右页边距均为 2.9 cm，每页 45 行，每行 40 个字符。

（2）设置正文 1.5 倍行距，第一段首字下沉 3 行、距正文 0.2 cm，首字字体为黑体、蓝色，其余各段首行缩进 2 字符。

（3）参考样张，在正文适当位置插入艺术字"城市公共自行车"，采用第三行第五列样式，设置艺术字字体格式为黑体、32 字号，艺术字形状为"两端近"，环绕方式为紧密型。

（4）为正文第三段设置 1 磅浅蓝色带阴影边框，填充浅绿色底纹。

（5）参考样张，在正文适当位置插入图片 pic1.jpg，设置图片高度为 3.5 cm，宽度为 5 cm，环绕方式为紧密型。

（6）将正文中所有的"自行车"设置为深红色，并加双波浪下画线。

（7）参考样张，在正文适当位置插入自选图形"圆角矩形标注"，添加文字"低碳环保"，字号为四号字，设置自选图形格式为：浅绿色填充色、四周型环绕方式、左对齐。

（8）根据工作簿 EX1.xls 提供的数据，制作如样张所示的 Excel 图表，具体要求如下：

① 将工作表 Sheet1 改名为"自行车租用情况"。

② 在工作表"自行车租用情况"的 A42 单元格中输入"合计"，并在 C42、D42 单元格中分别计算租车次数合计和还车次数合计。

③ 在工作表"自行车租用情况"A 列中，按升序生成"网点编号"，形如"10001，10002……10040"。

④ 参考样张，根据工作表"自行车租用情况"前五个租车点的还车数据，生成一张反映还车次数的"三维簇状柱形图"，嵌入当前工作表中，图表标题为"公共自行车还车统计"，数据标志显示值，无图例。

⑤ 将生成的图表以"增强型图元文件"形式选择性粘贴到 Word 文档的末尾。

⑥ 将工作簿以文件名：EX1，文件类型：Microsoft Excel 工作簿（*.xlsx），存放于作业文件夹中。

（9）将编辑好的文章以文件名：ED1，文件类型：rtf 格式（*.rtf），存放于作业文件夹中。

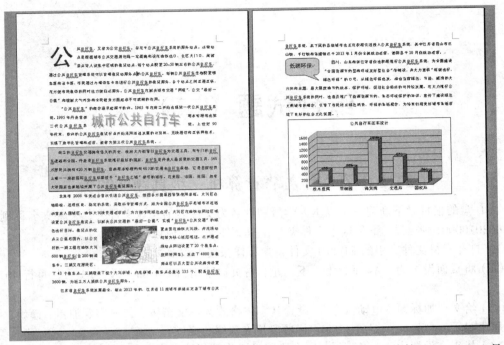

2. 打开素材文件夹中"Web.pptx"演示文稿，完善 PowerPoint 文件 Web.pptx，具体要求如下：

（1）所有幻灯片应用主题 moban01.pot，所有幻灯片切换方式为切出。

（2）为第二张幻灯片添加备注"电子可分裂为带电的空穴子"。

（3）在第六张幻灯片文字下方插入图片 dz1.jpg，设置图片高度、宽度缩放比例均为 50%，图片动画效果为自底部飞入。

（4）在最后一张幻灯片右下角插入"自定义"动作按钮，超链接到第一张幻灯片。

（5）将制作好的演示文稿以文件名：Web，文件类型：演示文稿（*.pptx）保存。

3. 打开素材文件夹中"TEST.accdb"数据库，其中表及表的所有字段均用汉字来命名以表示其意义。按下列要求进行操作（题目中带方括号文字为字段名或输出结果的列名）。

（1）基于"院系"及"教师"表，查询所有"文学院"男教师的名单，要求输出[院系名称]、[工号]、[姓名]、[职称]，查询保存为"CX1"。

（2）基于"院系"、"教师"及"教师工资"表，查询各院系教师[基本工资]平均值，要求输出[院系代码]、[院系名称]、[基本工资平均值]，只显示[基本工资平均值]大于 3 000 的学院，查询保存为"CX2"。

（3）保存数据库"TEST.accdb"。

综合试题（二）

（2015 年春季江苏省计算机一级真题 T02）

在 D 盘的根目录下新建一个以本人学号和姓名为文件名的作业文件夹，文件夹名称例如："2010030100001 张三"，下称这个文件夹为作业文件夹，完成以下内容：

1. 打开素材文件夹中的 ED2.rtf 文件，参考样张按下列要求进行操作：

（1）将页面设置为：A4 纸，上、下、左、右页边距均为 2.6 cm，每页 41 行，每行 40 个字符。

（2）给文章加标题"电动汽车"，设置其字体格式为华文楷体、二号字、加粗、倾斜、深蓝色，居中显示，字符间距缩放 120%，标题段填充浅绿色底纹。

（3）将正文设置为 1.2 倍行距，所有段落设置为首行缩进 2 字符。

（4）为正文第三段设置 1 磅绿色带阴影边框，填充浅绿色底纹。

（5）参考样张，在正文适当位置插入图片 pic2.jpg，设置图片高度、宽度缩放比例均为 110%，环绕方式为四周型。

（6）参考样张，在正文适当位置插入自选图形"十六角星"，添加文字"电动汽车的发展"，字号为小四号字，设置自选图形格式为：浅黄色填充色、紧密型环绕方式、左对齐。

（7）给文章添加页码，页码数字格式为"全角…"，居中显示。

（8）根据工作簿 EX2.xls 提供的数据，制作如样张所示 Excel 表格，具体要求如下。

① 将工作表"电动汽车参数"A1:E1 单元格合并及居中，在其中添加标题"电动汽车各项参数"，设置其格式为黑体、16 字号、加粗、红色；

② 在工作表"电动汽车参数"中，按厂家指导价降序排序；

③ 在工作表"电动汽车参数"C27:E27 单元格中，利用函数分别计算表中最大续航里程、最少百公里耗电、均价；

④ 参考样张，根据工作表"电动汽车参数"中数据，生成一张反映厂家指导价排名前三位的"簇状柱形图"，嵌入当前工作表中，图表标题为"电动汽车售价前三名"，数值标志显示值，无图例，并设置标题字体格式为 16 字号，取消自动缩放；

⑤ 将生成的图表以"增强型图元文件"形式选择性粘贴到 Word 文档的末尾；

⑥ 将工作簿以文件名：EX2，文件类型：Microsoft Excel 工作簿（*.xlsx），存放于作业文件夹中。

（9）将编辑好的文章以文件名：ED2，文件类型：rtf 格式（*.rtf），存放于作业文件夹中。

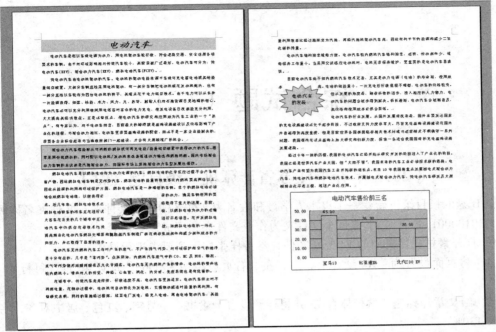

2. 打开素材文件夹中"Web.pptx"演示文稿，完善 PowerPoint 文件 Web.pptx，具体要求如下：

（1）所有幻灯片应用主题 moban02.potx，所有幻灯片切换效果为平滑淡出。

（2）将第一张幻灯片的版式更改为"标题幻灯片"，添加副标题"景点特色"，字体为隶书、36 字号，颜色为自定义 RGB 颜色模式，颜色分量为 ｛0，150，0｝。

（3）在第三张幻灯片文字下方插入图片 x5.jpg，设置图片动画效果为菱形。

（4）设置幻灯片放映类型为"观众自行浏览"，手动方式换片。

（5）将制作好的演示文稿以文件名：Web，文件类型：演示文稿（*.pptx）保存，文件存放于作业文件夹。

3. 打开素材文件夹中"TEST.accdb"数据库，其中表及表的所有字段均用汉字来命名以表示其意义。按下列要求进行操作（题目中带方括号文字为字段名或输出结果的列名）：

（1）基于"院系"及"教师"表，查询所有具有"博士"学位且职称为"讲师"的教师名单，要求输出[院系名称]、[工号]、[姓名]、[性别]，查询保存为"CX1"。

（2）基于"院系"、"教师"及"教师工资"表，查询各院系各类职称教师[基本工资]平均值，要求输出[院系代码]、[院系名称]、[职称]、[基本工资平均值]，查询保存为"CX2"。

（3）保存数据库"TEST.accdb"。

综合试题（三）

（2015 年春季江苏省计算机一级真题 T03）

在 D 盘的根目录下新建一个以本人学号和姓名为文件名的作业文件夹，文件夹名称例如："2010030100001 张三"，下称这个文件夹为作业文件夹，完成以下内容：

1. 打开素材文件夹中的 ED3.rtf 文件，参考样张按下列要求进行操作：

（1）将页面设置为：A4 纸，上、下、左、右页边距均为 3 cm，每页 46 行，每行 43 个字符。

（2）给文章加标题"学校体育"，并将标题设置为隶书、一号字、红色、居中对齐，字符间距缩放 130%。

（3）设置正文 1.2 倍行距，第三段首字下沉 3 行，首字字体为幼圆、绿色，其余各段首行缩进 2 字符。

（4）将正文中所有的"体育活动"设置为加粗、红色。

（5）参考样张，在正文适当位置以紧密型环绕方式插入图片 pic3.jpg，并设置图片高度、宽度缩放比例均为 70%。

（6）给正文第一段首个"学校体育"添加脚注"国民体育的基础"。

（7）设置奇数页页眉为"校内体育"，偶数页页眉为"全民健身"，在所有页页面底端插入页码，均居中显示。

（8）根据工作簿 EX3.xls 提供的数据，制作如样张所示 Excel 图表，具体要求如下：

① 在"统计"工作表中，在 B9 单元格计算所有在校生总人数，利用公式在 E 列计算各校经常运动学生的比例，结果以带 1 位小数的百分比格式显示（比例=经常运动人数/在校学生人数）。

② 在工作表"筛选"中，筛选出经常运动人数大于 700 的记录。

③ 在工作表"运动开展情况"中，隐藏合计行。

④ 参考样张，根据工作表"统计"中的数据，生成一张反映各学校经常运动人数的"簇状柱形图"（不包括合计行），嵌入当前工作表中，图表标题为"各学校经常运动人数"，无图例，设置标题字体格式为 16 字号，并取消自动缩放。

⑤ 将生成的图表以"增强型图元文件"形式选择性粘贴到 Word 文档的末尾。

⑥ 将工作簿以文件名：EX3，文件类型：Microsoft Excel 工作簿（*.xlsx），存放于作业文件夹中。

（9）将编辑好的文章以文件名：ED3，文件类型：rtf 格式（*.rtf），存放于作业文件夹中。

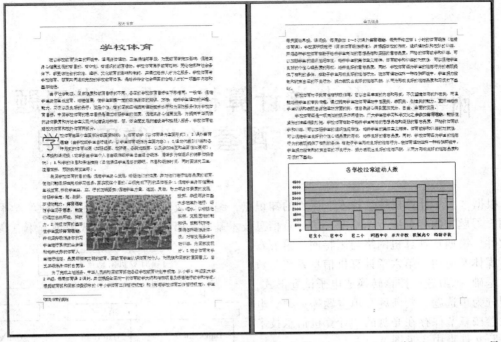

2. 打开素材文件夹中"Web.pptx"演示文稿，完善 PowerPoint 文件 Web.pptx，具体要求如下：

（1）设置所有幻灯片背景图片为 gd.jpg，所有幻灯片切换效果为水平百叶窗。

（2）将第二张幻灯片与第三张幻灯片位置互换，并删除最后一张幻灯片。

（3）为第五张幻灯片中带项目符号的文字创建超链接，分别指向具有相应标题的幻灯片。

（4）在最后一张幻灯片的左下角插入"自定义"动作按钮，在其中添加文字"返回"，单击按钮时超链接到第一张幻灯片。

（5）将制作好的演示文稿以文件名：Web，文件类型：演示文稿（*.pptx）保存，文件存放于作业文件夹。

3. 打开考生文件夹中"TEST.accdb"数据库，其中表及表的所有字段均用汉字来命名以表示其意义。按下列要求进行操作（题目中带方括号文字为字段名或输出结果的列名）。

（1）基于"院系"及"教师"表，查询所有"数科院"具有"博士"学位的教师名单，要求输出[院系名称]、[工号]、[姓名]，查询保存为"CX1"。

（2）基于"教师"及"教师工资"表，查询各类职称教师[基本工资]总额，要求输出[职称]、[基本工资总额]，查询保存为"CX2"。

（3）保存数据库"TEST.accdb"。

附录 A "大学计算机信息技术习题练习"配套软件使用说明

　　根据"大学计算机信息技术"课程的知识点，编写和收集一定数量的习题提供给学生练习之用。习题按内容分成 6 个章节，第一章信息技术基础，第二章计算机组成原理，第三章计算机软件，第四章计算机网络与因特网，第五章数字媒体及应用，第六章计算机信息系统与数据库基础。练习题已按章转换成电子试卷形式，题型分为单选题、判断题和填空题等三种。电子试卷按章节保存在光盘的"计算机信息技术习题"文件夹中（见图 A-1）。

　　"大学计算机信息技术习题练习"软件存放在光盘的根目录中，在 Windows 2003 或 Windows XP 操作系统环境下都可运行。

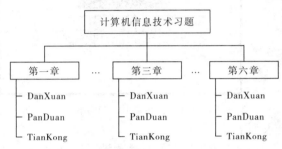

图 A-1 "计算机信息技术习题"文件夹目录

"大学计算机信息技术习题练习"软件使用说明

　　（1）将光盘上的"计算机信息技术习题"文件夹整个复制到可读写的硬盘中（例如 D 盘）的根目录中。

　　（2）双击"大学计算机信息技术习题练习"程序图标或它的快捷方式，运行该程序，打开程序主窗口如图 A-2 所示。在相应的文本框分别输入姓名和学号，单击"浏览"按钮，打开"浏览文件夹"对话框如图 A-3 所示，选择练习题所在的文件夹（例如第 1 章），单击"确定"按钮，在程序主窗口的"路径"文本框中显示用户选择的路径；单击"确定"按钮，在主窗口上显示"单选题"、"判断题"、"填空题"三个命令按钮如图 A-4 所示。同时在所选章节的文件夹下创建一个以学号命名的文件夹。答卷将保存在该文件夹中。如果所选的练习已做过，系统会询问"是否接前次继续做"，如图 A-5 所示，若单击"否"按钮，则重新从头开始做，否则，接前次往下做。

图 A-2 程序开始窗口

图 A-3 "浏览文件夹"对话框

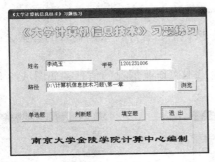

图 A-4　程序主界面

图 A-5　"是否接前次继续做"对话框

（3）在主窗口中，单击"单选题"按钮，打开"单选题"窗口（如图 A-6 所示）。

在标题栏下方提示当前题号、题目总数、还有未做题目的数量和答题已用的时间。窗口最下方的列表中所显示的是所有题目的题号。题号背景色的含义是：黄色表示该题所选答案是正确的，红色表示该题所选答案是错误的，灰色表示该题目还未做。

在"选择答案"的框架中，单击某个选择按钮后，你的选择就被记录，同时改变该题号的背景色。答案选定后允许修改答案。

① 单击"上一题"、"下一题"、"上一未做题"、"上一未做题"等按钮或直接单击题号继续做其他题目。

② 单击"求助"按钮，就回弹出一个信息框，在信息框中给出该题参考答案

③ 单击"返回"按钮，发送本次"单选题"完成情况的信息给你，并返回开始窗口。

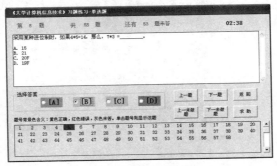

图 A-6　"单选题"窗口

（4）在主窗口，单击"判断题"按钮，则打开"判断题"窗口，如图 A-7 所示。操作方法同"单选题"。

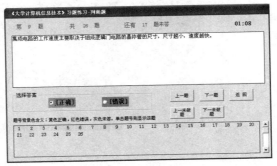

图 A-7　"判断题"窗口

（5）在主窗口，单击"填空题"按钮，打开"填空题"窗口如图 A-8 所示。

在"答案"文本框中输入答案，单击"确定"按钮后，程序记录刚输入的答案，改变该题号的背景色，显示下一题。其他操作同"单选题"。

（6）在主窗口，单击"退出"按钮，程序会给出本次作业情况的信息，如图 A-9 所示。结束运行。

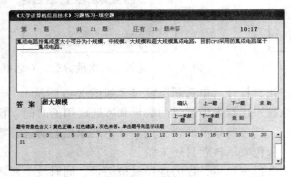

图 A-8 "填空题"窗口

图 A-9 "汇总信息"对话框

江苏省高等学校计算机等级考试一级计算机信息技术及应用考试大纲

考核要求

1. 掌握计算机信息处理与应用的基础知识。
2. 能比较熟练地使用操作系统、网络及 OFFICE 等常用的软件。

考试范围

一、计算机信息处理技术的基础知识

1. 信息技术概况。

（1）信息与信息处理基本概念。

（2）信息化与信息社会的基本含义。

（3）数字技术基础：比特、二进制数，不同进制数的表示、转换及其运算，数值信息的表示。

（4）微电子技术、集成电路及 IC 的基本知识。

2. 计算机组成原理。

（1）计算机硬件的组成及其功能；计算机的分类。

（2）CPU 的结构；指令与指令系统；指令的执行过程；CPU 的性能指标。

（3）PC 机的主板、芯片组与 BIOS；内存储器。

（4）PC 机 I/O 操作的原理；I/O 总线与 I/O 接口。

（5）常用输入设备（键盘、鼠标器、扫描仪、数码相机）的功能、性能指标及基本工作原理。

（6）常用输出设备（显示器、打印机）的功能、分类、性能指标及基本工作原理。

（7）常用外存储器（硬盘、光盘、U 盘）的功能、分类、性能指标及基本工作原理。

3. 计算机软件。

（1）计算机软件的概念、分类及特点。

（2）操作系统的功能、分类和基本工作原理。

（3）常用操作系统及其特点。

（4）算法与数据结构的基本概念。

（5）程序设计语言的分类和常用程序设计语言；语言处理系统及其工作过程。

4．计算机网络。

（1）计算机网络的组成与分类；数据通信的基本概念；多路复用技术与交换技术；常用传输介质。

（2）局域网的组成、特点和分类；局域网的基本原理；常用局域网。

（3）因特网的组成与接入技术；网络互连协议 TCP/IP 的分层结构、IP 地址与域名系统、IP 数据报与路由器原理。

（4）因特网提供的服务；电子邮件、即时通讯、文件传输与 WWW 服务的基本原理。

（5）网络信息安全的常用技术；计算机病毒防范。

5．数字媒体及应用。

（1）西文与汉字的编码；数字文本的制作与编辑；常用文本处理软件。

（2）数字图像的获取、表示及常用图像文件格式；数字图像的编辑、处理与应用；计算机图形的概念及其应用。

（3）数字声音获取的方法与设备；数字声音的压缩编码；语音合成与音乐合成的基本原理与应用。

（4）数字视频获取的方法与设备；数字视频的压缩编码；数字视频的应用。

6．计算机信息系统与数据库。

（1）计算机信息系统的特点、结构、主要类型和发展趋势。

（2）数据库系统的特点与组成。

（3）关系数据库的基本原理及常用关系型数据库。

（4）信息系统的开发与管理的基本概念，典型信息系统。

二、常用软件的使用

1．操作系统的使用。

（1）Windows 操作系统的安装与维护。

（2）PC 硬件和常用软件的安装与调试，网络、辅助存储器、显示器、键盘、打印机等常用外部设备的使用与维护。

（3）文件管理及操作。

2．因特网应用。

（1）IE 浏览器：IE 浏览器设置，网页浏览，信息检索，页面下载。

（2）文件上传、下载及相关工具软件的使用（WinRAR、讯雷下载、网际快车等）。

（3）电子邮件：创建账户和管理账户，书写、收发邮件。

（4）常用搜索引擎的使用。

3．Word 文字处理。

（1）文字编辑：文字的增、删、改、复制、移动、查找和替换；文本的校对。

（2）页面设置：页边距、纸型、纸张来源、版式、文档网格、页码、页眉、页脚。

（3）文字段落排版：字体格式、段落格式、首字下沉、边框和底纹、分栏、背景、应用模板。

（4）高级排版：绘制图形、图文混排、艺术字、文本框、域、其他对象插入及格式设置。

（5）表格处理：表格插入、表格编辑、表格计算。

（6）文档创建：文档的创建、保存、打印和保护。

4．Excel 电子表格。

（1）电子表格编辑：数据输入、编辑、查找、替换；单元格删除、清除、复制、移动；填充柄的使用。

（2）公式、函数应用：公式的使用；相对地址、绝对地址的使用；常用函数（SUM、AVERAGE、MAX、MIN、COUNT、IF）的使用。

（3）工作表格式化：设置行高、列宽；行列隐藏与取消；单元格格式设置。

（4）图表：图表创建；图表修改；图表移动和删除。

（5）数据列表处理：数据列表的编辑、排序、筛选及分类汇总；数据透视表的建立与编辑。

（6）工作簿管理及保存：工作表的创建、删除、复制、移动及重命名；工作表及工作簿的保护、保存。

5．PowerPoint 演示文稿。

（1）基本操作：利用模板制作演示文稿；幻灯片插入、删除、复制、移动及编辑；插入文本框、图片、SmartArt 图形及其他对象。

（2）文稿修饰：文字、段落、对象格式设置；幻灯片的主题、背景设置、母版应用。

（3）动画设置：幻灯片中对象的动画设置、幻灯片间切换效果设置。

（4）超链接：超级链接的插入、删除、编辑。

（5）演示文稿放映设置和保存。

6．综合应用。

（1）Word 文档与其他格式文档相互转换；嵌入或链接其他应用程序对象。

（2）Excel 工作表与其他格式文件相互转换；嵌入或链接其他应用程序对象。

（3）PowerPoint 嵌入或链接其他应用程序对象。

三、考试说明

1．考试方式为无纸化网络考试，考试时间为 90 分钟。

2．软件环境：中文版 Windows XP/Windows 7 作系统，Microsoft Office 2010 办公软件。

3．考试题型及分值分布见样卷。

附录 C　江苏省高等学校计算机等级
考试一级计算机信息技术及
应用考试（样卷）

（本试卷完成时间　90 分钟）

一、**基础知识题**（共 45 分，每题 1 分）

（一）单选题

1. 当前使用的个人计算机中，在 CPU 内部，比特的两种状态是采用＿＿＿＿＿＿＿表示的。
   A. 电容的大或小　　　B. 电平的高或低　　　C. 电流的有或无　　　D. 灯泡的亮或暗

2. 实施逻辑加运算：1010∨1001 后的结果是＿＿＿＿＿＿＿。
   A. 1000　　　　　　B. 0001　　　　　　　C. 1001　　　　　　　D. 1011

3. 下列有关我国汉字编码标准的叙述中，错误的是＿＿＿＿＿＿＿。
   A. GB2312 国标字符集所包含的汉字许多情况下已不够使用
   B. Unicode 是我国发布的多文种字符编码标准
   C. GB18030 编码标准中所包含的汉字数目超过 2 万个
   D. 我国台湾地区使用的汉字编码标准与大陆不同

4. 下列设备中可作为输入设备使用的是＿＿＿＿＿＿＿。
   ①触摸屏②传感器③数码照相机④麦克风⑤音箱⑥绘图仪⑦显示器
   A. ①②③④　　　　　B. ①②⑤⑦　　　　　C. ③④⑤⑥　　　　　D. ④⑤⑥⑦

5. 近 30 年来微处理器的发展非常迅速，下面关于微处理器发展的叙述不准确的是＿＿＿＿＿＿。
   A. 微处理器中包含的晶体管越来越多，功能越来越强大
   B. 微处理器中 Cache 的容量越来越大
   C. 微处理器的指令系统越来越标准化
   D. 微处理器的性能价格比越来越高

6. CPU 主要由寄存器组、运算器和控制器 3 个部分组成，控制器的基本功能是＿＿＿＿＿＿＿。
   A. 进行算术运算和逻辑运算　　　　　　B. 存储各种数据和信息
   C. 保持各种控制状态　　　　　　　　　D. 指挥和控制各个部件协调一致地工作

7. 下面列出的四种半导体存储器中，属于非易失性存储器的是＿＿＿＿＿＿＿。
   A. SRAM　　　　　　B. DRAM　　　　　　C. CACHE　　　　　　D. FlashROM

8. 关于 I/O 接口，下列的说法＿＿＿＿＿＿＿是最确切的。
   A. I/O 接口即 I/O 控制器，它负责对 I/O 设备进行控制
   B. I/O 接口用来将 I/O 设备与主机相互连接

C. I/O 接口即主板上的扩充槽，它用来连接 I/O 设备与主存

D. I/O 接口即 I/O 总线，用来连接 I/O 设备与 CPU

9. 关于键盘上的【Caps Lock】键，下列说法正确的是_____。

    A.【Caps Lock】键与【Alt + Del】组合键可以实现计算机热启动

    B. 当【Caps Lock】指示灯亮着的时候，按主键盘的数字键，可输入其上部的特殊字符

    C. 当【Caps Lock】指示灯亮着的时候，按字母键，可输入大写字母

    D.【Caps Lock】键的功能可由用户自己定义

10. 下列选项中，不属于显示器组成部分的是_____。

    A. 显示控制器（显卡）   B. CRT 或 LCD 显示器

    C. CCD 芯片   D. VGA 接口

11. 从目前技术来看，下列打印机中打印速度最快的是_____。

    A. 点阵打印机   B. 激光打印机   C. 热敏打印机   D. 喷墨打印机

12. 下面不属于硬盘存储器主要技术指标的是_____。

    A. 数据传输速率   B. 盘片厚度   C. 缓冲存储器大小 D. 平均存取时间

13. CD 光盘根据其制造材料和信息读写特性的不同，可以分为 CDROM、CD-R 和 CD-RW。CD-R 光盘指的是_____。

    A. 只读光盘   B. 随机存取光盘   C. 只写一次式光盘 D. 可擦写型光盘

14. 软件可分为应用软件和系统软件两大类。下列软件中全部属于应用软件的是_____。

    A. WPS、Windows、Word   B. PowerPoint、QQ、UNIX

    C. BIOS、Photoshop、FORTRAN 编译器 D. PowerPoint、Excel、Word

15. 下面所列功能中，功能_____不是操作系统所具有的。

    A. CPU 管理   B. 成本管理   C. 文件管理   D. 存储管理

16. Windows（中文版）有关文件夹的以下叙述中，错误的是_____。

    A. 网络上其他用户可以不受限制地修改共享文件夹中的文件

    B. 文件夹为文件的查找提供了方便

    C. 几乎所有文件夹都可以设置为共享

    D. 将不同类型的文件放在不同的文件夹中，方便了文件的分类存储

17. 算法是使用计算机求解问题的步骤，算法由于问题的不同而千变万化，但它们必须满足若干共同的特性，但_____这一特性不必满足。

    A. 操作的确定性   B. 操作步骤的有穷性

    C. 操作的能行性   D. 必须有多个输入

18. 下列不属于数字通信系统性能指标的是_____。

    A. 信道带宽   B. 数据传输速率   C. 误码率   D. 通信距离

19. 下列关于计算机网络的叙述中正确的是_____。

    A. 计算机组网的目的主要是为了提高单机的运行效率

    B. 网络中所有计算机运行的操作系统必须相同

    C. 构成网络的多台计算机其硬件配置必须相同

    D. 一些智能设备（如手机、ATM 柜员机等）也可以接入计算机网络

20. 下列有关网络两种工作模式（客户/服务器模式和对等模式）的叙述，错误的是_____。

    A. 近年来盛行的 "BT" 下载服务采用的是对等工作模式

B. 基于客户/服务器模式的网络会因客户机的请求过多、服务器负担过重而导致整体性能下降

C. Windows XP 操作系统中的"网上邻居"是按客户/服务器模式工作的

D. 对等网络中的每台计算机既可以作为客户机也可以作为服务器

21. 以下关于 IP 协议的叙述中，错误的是_____。

A. IP 属于 TCP/IP 协议中的网络互连层协议

B. 现在广泛使用的 IP 协议是第 6 版（IPv6）

C. IP 协议规定了在网络中传输的数据包的统一格式

D. IP 协议还规定了网络中的计算机如何统一进行编址

22. 网络中的域名服务器存放着它所在网络中全部主机的_____。

A. 域名   B. IP 地址

C. 用户名和口令   D. 域名和 IP 地址的对照表

23. 使用 ADSL 接入因特网时，下面的叙述中正确的是_____。

A. 在上网的同时可以接听电话，两者互不影响

B. 在上网的同时电话处于"占线"状态，电话无法打入

C. 在上网的同时可以接听电话，但数据传输暂时中止，挂机后再恢复传输

D. 线路会根据两者的流量动态调整各自所占比例

24. 信息系统中信息资源的访问控制是保证信息系统安全的措施之一。下面关于访问控制的叙述中错误的是_____。

A. 访问控制可以保证对信息的访问进行有序的控制

B. 访问控制是在用户身份鉴别的基础上进行的

C. 访问控制就是对系统内每个文件或资源规定各个（类）用户对它的操作使用权限

D. 访问控制就是对重要的文件进行加密处理

25. 下列有关因特网防火墙的叙述中错误的是_____。

A. 因特网防火墙可以是一种硬件设备

B. 因特网防火墙可以由软件来实现

C. 因特网防火墙也可以集成在路由器中

D. Windows XP 操作系统不带有软件防火墙功能

26. 下列软件中，能够用来阅读 PDF 文件的是_____。

A. AcrobatReader B. Word   C. Excel   D. Frontpage

27. 数字图像的获取步骤大体分为四步，以下顺序正确的是_____。

A. 扫描 分色 量化 取样   B. 分色 扫描 量化 取样

C. 扫描 分色 取样 量化   D. 量化 取样 扫描 分色

（二）判断题

28. 信息系统的计算与处理技术可用于扩展人的大脑功能，增强对信息的加工处理能力。

29. 一个 CPU 所能执行的全部指令称为该 CPU 的指令系统，不同厂家生产的 CPU 的指令系统相互兼容。

30. PC 中几乎所有部件和设备都以主板为基础进行安装和互相连接，主板的稳定性影响着整个计算机系统的稳定性。

31．自由软件（Freeware）不允许随意复制、修改其源代码，但允许自行销售。

32．Java 语言适用于网络环境编程，在 Internet 上有很多用 Java 语言编写的应用程序。

33．通信系统概念上由 3 个部分组成：信源与信宿、携带了信息的信号、传输信号的信道，三者缺一不可。

34．电话干线（中继线）采用数字形式传输语音信号，它们也可以用来传输数字信号（数据）。

35．计算机网络最有吸引力的特性是资源共享，即多台计算机可以共享数据、打印机、传真机等多种资源，但不可以共享音乐资源。

36．从概念上讲，WWW 网是按 P2P 模式工作的，只要上网的计算机安装微软的 IE 浏览器便可。

（三）填空题

37．与十进制数 0.25 等值的二进制数是_____。

38．在 PC 中表示带符号整数时，最高位用_____来表示负数。

39．用户为了防止他人使用自己的 PC，可以通过 BIOS 中的_____设置程序对系统设置一个开机密码。

40．扫描仪是基于_____原理设计的，它使用的核心器件大多是 CCD。

41．Windows 操作系统中，非活动窗口对应的任务称为_____任务。

42．在以太网中，如果要求连接在网络中的每一台计算机各自独享一定的带宽，则应选择_____来组网。

43．接入无线局域网的计算机与接入点（AP）之间的距离一般在几米～几十米之间，距离越大，穿越的墙体越多，信号越_____。

44．使用 I E 浏览器启动 F T P 客户程序时，用户需在地址栏中输入：_____：//用户名：口令@FTP 服务器域名：〔端口号〕。

45．使用计算机制作的数字文本结构，可以分为线性结构与非线性结构，简单文本呈现为一种_____结构，写作和阅读均按顺序进行。

二、应用操作题

（一）WORD 操作题（20 分）

调入 T 盘中的 ED1.RTF 文件，参考样张按下列要求进行操作。

1．将页面设置为：A4 纸，上、下页边距为 2.5 厘米，左、右页边距为 3 厘米，每页 40 行，每行 38 个字符。

2．给文章加标题"中国福利彩票"，设置其格式为黑体、红色、一号字，居中显示，标题段填充白色，背景 1，深色 15%的底纹。

3．设置正文第一段首字下沉 2 行，首字字体为楷体，其余各段设置为首行缩进 2 字符。

4．将正文中所有的"福利彩票"设置为红色、加着重号。

5．参考样张，在正文适当位置插入图片"福利彩票.jpg"，设置图片高度、宽度缩放比例均为 70%，环绕方式为四周型。

6．参考样张，在正文适当位置插入自选图形"椭圆形标注"，添加文字"扶老助残、济困救孤"，设置文字格式为：仿宋、红色、三号字、加粗，设置自选图形格式为：浅绿色填充色、透明度 50%、紧密型环绕、右对齐。

7. 设置奇数页页眉为"中国福彩"，偶数页页眉为"造福社会"，均居中显示，并在所有页的页面底端插入页码，页码样式为"框中倾斜 2"。

8. 将编辑好的文章以文件名：ED1，文件类型：RTF 格式（.RTF），存放于 T 盘中。

样张：

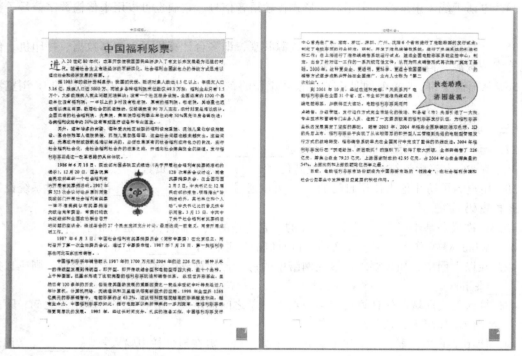

（二）EXCEL 操作题（20 分）

调入 T 盘中的 EX1.XLSX 文件，参考样张按下列要求进行操作。

1. 在"用户"工作表中，设置第一行标题文字在 A1：D1 单元格区域合并后居中，字体格式为楷体、18 号、红色。

2. 复制"用户"工作表，并将新工作表重命名为"备份"。

3. 在"备份"工作表中，将数据按"公司甲、公司乙、公司丙"的自定义序列排序。

4. 在"收入"工作表的 G 列中，利用公式分别计算相应年度各公司收入合计（收入合计＝话费＋上网费＋其他费用）。

5. 在"收入"工作表的 H 列中，引用"用户"工作表数据，分别计算相应年度各公司人均消费，结果以带 2 位小数的数值格式显示（人均消费（元）＝收入合计/用户数×10000）。

6. 在"收入"工作表中，自动筛选出"公司甲"的记录。

7. 参考样张，在"收入"工作表中，根据筛选的"公司甲"人均消费数据，生成一张"带数据标记的折线图"，嵌入当前工作表中，图表标题为"公司甲近年用户人均消费"，分类（X）轴标志为相应年度，无图例，数据标签显示在数据点下方。

8. 将工作簿以文件名：EX1，文件类型：Microsoft Excel 工作簿（.XLSX），存放于 T 盘中。

样张：

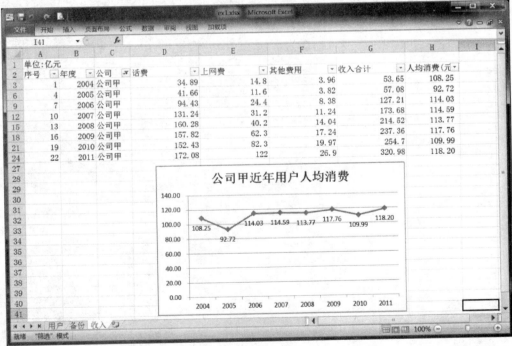

（三）POWERPOINT 操作题（15 分）

调入 T 盘中的 Web.PPTX 文件，按下列要求进行操作。

1. 所有幻灯片应用主题 Moban01.potx，所有幻灯片切换效果为立方体。

2. 在第二张幻灯片中插入图片 cape.jpg，设置图片高度为 8 厘米，宽度为 10 厘米，动画效果为单击时缩放进入，持续时间为 1 秒。

3. 为第二张幻灯片中带项目符号的文字创建超链接，分别指向具有相应标题的幻灯片。

4. 将幻灯片大小设置为 35 毫米幻灯片，除标题幻灯片外，在其他幻灯片中插入页脚"走近好望角"。

5. 利用幻灯片母版，除标题幻灯片外，在其他幻灯片的右下角插入笑脸形状，单击该形状，超链接指向第一张幻灯片。

6. 将制作好的演示文稿以文件名：Web，文件类型：演示文稿（.pptx）保存，存放于 T 盘中。

参考答案：

一、基础知识题

1. B 　2. D 　3. B 　4. A 　5. C 　6. D 　7. D 　8. B 　9. C 　10. C
11. B 　12. B 　13. C 　14. D 　15. B 　16. A 　17. D 　18. D 　19. D 　20. C
21. B 　22. D 　23. A 　24. D 　25. D 　26. A 　27. C 　28. Y 　29. N 　30. Y
31. N 　32. Y 　33. Y 　34. Y 　35. N 　36. N
37. 0.01 　　　　38. 1 　　　　39. CMOS 　　　40. 光电转换
41. 后台 　　　42. 以太网交换机 43. 弱|小 　　　44. ftp 　　　　　45. 线性

二、应用操作题（略）